U0939345

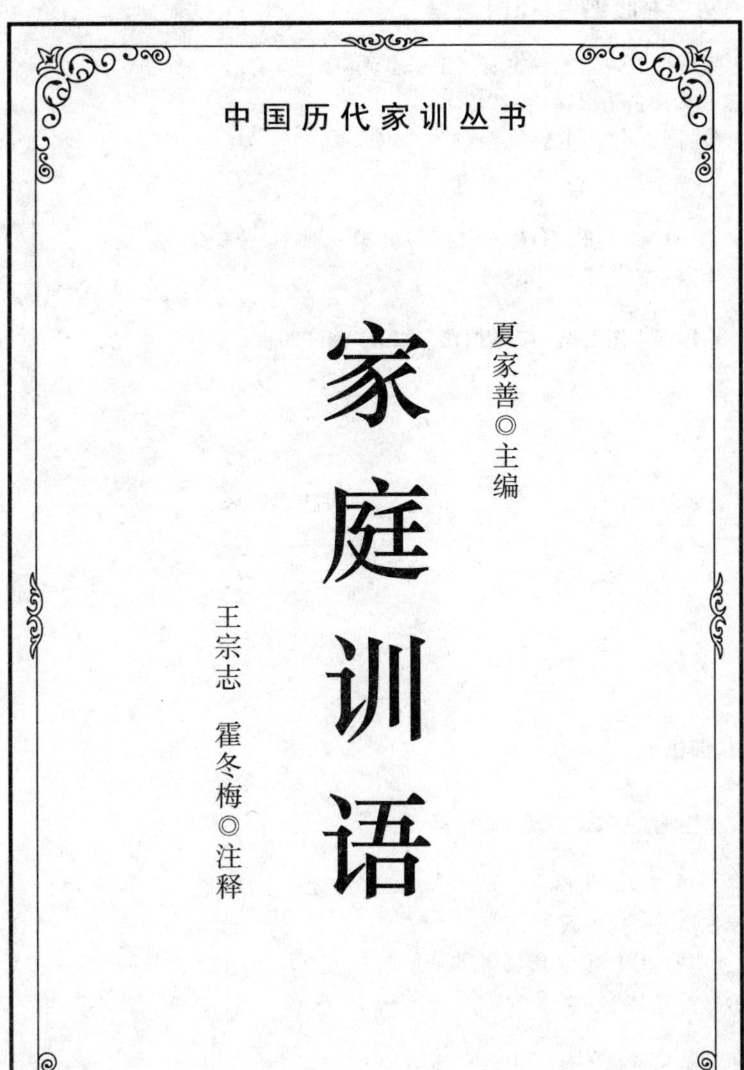

中国历代家训丛书

家庭训语

夏家善◎主编

王宗志 霍冬梅◎注释

天津古籍出版社

图书在版编目(CIP)数据

家庭训语 / 夏家善主编 ; 王宗志, 霍冬梅注释. --
天津 : 天津古籍出版社, 2017.8
(中国历代家训丛书)
ISBN 978-7-5528-0516-1

Ⅰ. ①家… Ⅱ. ①夏… ②王… ③霍… Ⅲ. ①家庭道德-中国-古代 Ⅳ. ①B823.1

中国版本图书馆 CIP 数据核字(2017)第 080572 号

家庭训语

夏家善主编;王宗志　霍冬梅注释
出版人/张玮

天津古籍出版社出版
(天津市西康路 35 号 邮编 300051)
http://www.tjabc.net

三河市龙大印装有限公司印刷
全国新华书店发行
开本 910×1230 毫米　1/32　印张 8.5　字数 202 千字
2017 年 8 月第 1 版　2017 年 8 月第 1 次印刷

ISBN 978-7-5528-0516-1　定价:30.00 元

序

我国古代文化典籍浩如烟海，品类繁多。其中，各种形式的“家训”“家诫”“家规”“家礼”，在普及传统文化、规范人们的生活和行为方式，整齐家风以至维持整个社会的谐调稳定方面，发挥了十分重要的作用。这一部分文化遗产很值得重视。

“三代而下，教详于家。”清代学者钱大昕这句话，概括地说明了我国古代具有重视家教的传统。“家训”“家诫”一类著作，起源于东汉而盛行于魏晋南北朝时期，它是当时世族社会教育制度的产物。人们十分熟悉的诸葛亮的《诫子书》，即产生于汉魏之际；而最早系统编撰成书的家训著作，当推南北朝时期颜之推的《颜氏家训》。作者撰写该书的直接目的在于“整齐门内，提撕子孙”，而其更深远的意义则是为了“轨物范世”“遗泽后昆”。这类著作以家族和家庭中长辈对晚辈耳提面命的谆谆教谕的形式，将传统伦理道德观念和儒家文化精神通俗地灌输传授给子孙后代，使其“同言而信，信其所亲；同命而行，行其所服”，即利用血亲伦常关系和长辈对晚辈的绝对影响力约束力，达到“助人君，明教化”的目的。各种家训中有关立志、勉学、修身养性、待人接物的训诫，无非是要求“养亲事君忠孝为本”“言则忠信行则笃敬”“慎言检迹立身扬名”，以维持世族的社会地位。这种家教的传统之所以在我国古代社会一直延续下来，并且影响到近现代，是有其深刻的社会根源的。正如梁启超所说：“吾中国社会之组织，以家族为单位，不以个人为单位，所谓家齐而后国治是也。周代宗法之制，在今日形式虽废，其精神犹存也。”家族宗法制度的客观存在和历久不衰，就为家教传统的延续和“家训”一类著作的蕃衍提供了深厚的社会土壤。被视为“古今家训之祖”的《颜氏家训》一书问世后，曾辗转流布，反复梓刻，虽历千余年而不佚，存其影响示范之下，各种形式的家训、家教、家规、家约、治家格言之类著作层出不穷，无代无之。如若将这类著作加以汇集，恐怕有数百千家之多，显然这是一笔不容忽视的历史文化遗产。

从文化的视角来审察，我国两千多年的封建文化，其内容丰富而芜杂，但总的来说，占据主导地位的还是儒家文化。受这种文化氛围的熏陶，历代家训也深深地打上了儒家思想的印记，透过其或典雅精微或通俗易懂的言辞，其着力宣传之要旨大抵不外乎“正心”“诚意”“修身”“齐家”“治国”“平天下”的“大学之道”，“立人”“达人”“爱人”“谅人”的“忠恕之道”，以及“父慈子孝兄友弟恭朋友有信”的“絜矩之道”。也就是说，儒家所倡导的文化价值观念、理想人格模式和伦理道德规范，作为历代家训的主要精神支柱，是“儒者宣而明之”欲使其“家至而户说”的基本内容。当然，受释道思想文化的影响，古代家训中也夹杂着若干儒家文化以外的其他思想成分或因素，如道家之“无为”，佛家之心性修养等等，这也完全是事实。家训作为在历史上产生和发展的文化现象，它也不可能不带有其所经历的各个时代的烙印，但从实质和总体上来看，它还是以儒家的忠孝仁义为本，吸纳融汇某些佛道思想，不过是作为达到忠孝仁义的手段而已。

显然，就思想内容而言，历代家训并非如前人所夸誉的那样，是“篇篇药石，言言龟鉴”，但它也绝不是一堆粪土，不是一堆完全有害无益的封建糟粕。对于家训这种既包含着糟粕，又包含着许多人生智慧和真、善、美的启示的历史文化遗产，我们应该像对待古今中外的各种文化一样，采取马克思主义的具体分析和批判继承的态度。任何一种文化体系作为完整的结构，都可以分解为不同的层面，每一层面又可以分解为若干要素；换言之，文化要素构成文化层面，文化层面构成文化系统。对它们是可以加以分析分解的，也可以根据新时代的需要进行重组或新的综合。我们对待历代家训也要采取分析的态度，区别良莠，批判剔除其封建性的糟粕，改造继承吸收其富有生命力的或在今天仍有启迪借鉴意义的文化内容，使其成为社会主义新文化的重要构成要素。

既然古代家训是封建时代的产物，大多出自历代帝王、名臣仕宦、封建士大夫之手，而为封建统治阶级所倡导，它就不可能不带有封建地主阶级意识形态的特征，不可能不大量宣扬封建道德观念。例如，历代家训中反复强调必须遵从封建的纲常名教，倡导愚忠愚孝的封建伦理道德；反复鼓吹“学而优则仕”“唯上智与下愚不移”和“万般皆下品，唯有读书高”的封建士大夫观念；反复提倡安常处顺、知足常乐、明哲保身的处世之道和保守思想，等等。毫无疑问，这些都属于封建思想的糟粕，是应该批判和舍弃的。这方面的思想流毒在今天仍不能忽视。

另一方面，历代家训中还包含着相当多的思想精华和在今天仍有积极意义的内容，在教育后代如何处世做人的论训中，提供了前人丰富的人生经验和智慧，自觉或不自觉地宣传和弘扬了中华民族的传统美德，这些富有生命力的内容，都可供我们发现剔抉、含英咀华和借鉴吸收。从大的方面来说至少可以举出以下几点：

其一，鼓励立志。如诸葛亮《诫外甥书》说：“夫志当存高远，……若志不强毅，意不慷慨，徒碌碌滞于俗，默默束于情，永窜伏于凡庸，不免于下流矣！”《温氏母训》说：“岂有子孙专靠父祖过活之理！……若肯立志，大小自成结果。”

其二，奖掖进学。如诸葛亮《诫子书》说：“才须学也，非学无以广才，非志无以成学。”《颜氏家训》说：“幼儿学者，如日出之光；老而学者，如秉烛夜行。”

其三，劝勉勤俭。《朱柏庐治家格言》说：“黎明即起，洒扫庭除。”“一粥一饭，当思来处不易；半丝半缕，恒念物力维艰。”明吴麟徵《家诫要言》说：“治家，舍节俭别无可经营。”“茹荼历辛，自是儒生本色。”

其四，提倡清廉。《景氏家训》载胡康公诲诸子曰：“予居官四十余年，无他长，但‘清白’二字，平生守之不失。尔曹今日虽未有官守，务全名节，金帛易动人，远而勿亲。”高攀龙《家训》说：“世间惟财色二者，最迷惑人，最败坏人。”

其五，导人行善。《朱柏庐治家格言》说：“勿贪意外之财，勿饮过量之酒。”“与肩挑贸易，毋占便宜；见贫苦亲邻，须加温恤。”《家诫要言》说：“待人要宽和，世事要练习。”“恶不在大，心术一坏，即入祸门。”《弟子规》说：“凡是人，皆须爱，天同覆，地同载。”“能亲仁，无限好，德日进，过日少。”

此外，历代家训还在强调知行合一，学以致用，应世涉务，分阴惜时，遵守礼仪，尊敬师长，孝顺父母，慎择朋友，睦邻友好，克己让人等许多方面，都有一些精彩的议论和非凡的识见，有的至今仍能给人以真的启迪、善的奉劝和美的鉴赏，展示出永久的价值和魅力。这些积极的内容自然是我们今天建设社会主义精神文明所必须继承和发扬的。经过批判的分析和创造性的转化，完全可以用来作为对青少年进行思想品德教育的有益资粮和历史教材，倡导良好的家风亦有利于促进整个社会的安定团结和协调发展。

《中国历代家训丛书》的主编夏家善同志，是我刚调到南开大学工作时就已相识的老朋友。他长期研治中国文学，详熟古代文化典籍，特别瞩意于历代家训的搜集整理，用力甚勤，颇有心得。这套丛书就是他从我国历代家训中精选汇辑出来的，共计12册，虽分类汇编而又构成一完整系统，有明确的指导思想，并邀请专家学者对各书分别加以标点、注释和说明，以便于读者准确地把握其思想内容，从中汲取智慧和涵养。这是一件很有意义的工作。夏家善同志向我征序，作为老朋友，我觉得难以拒绝，于匆忙中写了上述粗浅的认识，不当之处请编者和读者批评指正。

方克立

前　言

《负暄闲语》《家庭直讲》和《家庭谈话》三部家训，都是作者在家庭中直接面对子孙的训诫之语。我们把它们辑录在一起，名之为《家庭训语》。这三部家训，有的已注明成书年代为晚清，有的虽无明显标志，但通过文内涉及的某些内容，亦可以看出大体为晚清时代的著作。

《负暄闲语》的作者周馥，字玉山。安徽建德（今东至）人。监生出身。早年曾在本乡设馆，后入李鸿章幕三十余年，助李鸿章拓展洋务，在天津创办新政。在当时被誉为外交上不可多得的人才。再后，历任四川布政使、直隶布政使、山东巡抚、两江总督、南洋大臣、两广总督等要职。光绪三十三年（公元 1907 年）要求解职，获准。1921 年去世于天津。谥号“悫慎”。有《周悫慎公全集》。《负暄闲语》为其中的家训著作。光绪三十四年（公元 1908 年），周馥解职后闲居庐山、芜湖，其孙周暹随侍，“因其所问，就书史所载，见闻所及，引申之以广其义，随笔记载”而成书。后又经其子周学铭、周学熙等校理，于宣统元年（公元 1909 年）排印，“以此作为遗训”供其孙辈及后代“随时参悟，以助学力”（《负暄闲语》）。

《家庭直讲》的作者陆钓川，其事迹不可考。《家庭谈话》的作者更佚其名。从这两部家训看，作者虽也深受中国传统思想影响，但又较多地接受了近代外国文化，当属晚清时期的“开明一族”。其事迹难考，说明他们在当时也并非“大名鼎鼎”之辈。这两部家训的另一个共同之处是：语言直白口语化，条分缕析纲目清。从形式到内容，都直如对子孙耳提面命一般。

这三部家训所涉及的问题，大至国家大事，小到家庭琐事，方方面面，无所不及，其中有不少方面，在今天看来仍有借鉴意义，我们择其要者简述如下：

第一，强调读书是青少年的要务。有人说：“书籍是人类进步的阶梯。”人类的知识与智慧的结晶，靠书籍得以传承。有人说：“书犹药也。”善于读书的人，可以赖以治病；读错了书，可以因之致病甚至致命。对于这些道理，这几部家训的著者也了解得相当深刻，并且论述得颇为中肯。比如：在读书的方法方面，《负暄闲语》提出“应以研究道理，身体力行为要”。这种强调读书来究理，读了、通了要力行的学以致用的原则是可取的。至于读书时“须平心静气、详细推索”，要“先定主意，要读何书，必将此书从头至尾细细看过，不可中辍，不可看一段弃一段……若贪多骛博，徒劳神无益”，读后“将全书大意作一论记之，俾无遗忘”等主张，涉及“专而后求博”还是“博而后骛专”等至今仍争论不休的问题。俗话说，仁者见仁，智者见智。但这些论述，在今天看来也仍然是颇有见识的。

二、主张延聘才德兼备的老师。名师出高徒，老师对学生的影响很大。这几部家训都十分重视为子女延聘老师的问题。纯白无瑕的幼童最易受环境与师长的影响，近朱者赤，近墨者黑，是朱是墨，关系极大。因此，延聘老师的标准应该是德才兼备，而尤其应该注重师资的品德，正如《负暄闲语》所言：“倘延有文无行者为师，贻误不浅。”这是千百年来的经验之谈，在今天的师资建设方面，也仍是一个不可玩忽懈怠的严肃课题。

《家庭谈话》从“入学”“学规”“功课”“自修”，到“敬师”“爱群”“爱学堂”等，都做了较为详细的专题论述。这对今天集体生活中的学生，仍有参考意义。

三、较早地提出了要根据国情、合理地学习外国的看法。对于外国的东西，包括生活习惯，应该认识到“各有各的好处，若不顾现在的情势、自己的身份，妄想去学他人，必至人家的好处学不成，先把自己的好处丢了”（《家庭谈话·规律》）。这不单是当时的少年“断乎不可不戒的”，就是在敞开国门，学习外国先进之处的今天，对那些邯郸学步，甚至东施效颦者，也是警策之句。至于处事，“遇外教一流人，不必仇视，争是非；亦不可推波助澜相符合”；更不可“挟其浮竞凌猎之气，貌袭西法，左涂右抹”。因为“此乃外铄之方，无本之学”，不建立在本国国情的基础上，是不可能“振起人心，挽回气运”的（《负暄闲语·崇儒》）。

四、本书还谈到了一些在今天看来仍有其现实意义的问题。比如：对“溺女婴”的批判（《家庭直讲·训女·戒溺女附》）；对吸烟、饮酒、吸毒等陋俗恶习的危害性的分析（《家庭谈话·饮食》）。这与当今某些大型体育场馆在有重大赛事时，醒目的位置被香烟广告所占据，酒类（特别是白酒）广告充斥影视屏幕的现实相对照，不是很耐人寻味吗？再如：对当时择婚陋习“托媒妁取男女八字，命日者推之”的直截了当的批判：“八字何尝有一毫灵验!”（《负暄闲语·婚娶》）这使我们联想起今天，居然有“相面一条街”“计算机算卦”之类的物事招摇，这是何等的滑稽！至于对“婚姻论财”等丑态薄情的揭露与批判，在今天更有实际意义。另外还有一些精辟之论，在今天仍有警醒作用。如对财：“大小事业，非财不可。但要得之有道，取之以义；不可谋取非义，不可设计图谋。”（《家庭直讲·警戒》）敛财者应戒。再如待人：“待人固宜厚，自宜具知人之明、防人之识。”“观人于其微。”（《负暄闲语·待人》）用人者须知。

这三部家训都产生于封建社会末期，作者的思想局限在书中必然会不同程度地有所反映。比如：强调宗族关系和纲常的重要；在反对卜葬和迷信鬼神的同时，又常举些带迷信色彩甚至因果报应之类的例子……这些，当然是我们在阅读时应该予以注意的。《负暄闲语》每卷后面大都附有“先贤语录”或“格言”数则，为了节省篇幅，我们节略了。《家庭直讲》和《家庭谈话》中，还有少量与当今时代精神相悖的内容，亦作了必要的删节，其余则保持原貌。

王宗志

目　录

负暄闲语……………………………………………………［清］周　馥(1)

卷一　读书 ……………………………………………………………(1)

卷二　体道 ……………………………………………………………(22)

卷三　崇儒 ……………………………………………………………(56)

卷四　处事 ……………………………………………………………(69)

卷五　待人 ……………………………………………………………(87)

卷六　治家 ……………………………………………………………(95)

卷七　葆生 ……………………………………………………………(101)

卷八　延师 ……………………………………………………………(110)

卷九　婚娶(兼阃教)…………………………………………………(113)

卷十　卜葬……………………………………………………………(120)

卷十一　祖训…………………………………………………………(143)

卷十二　鬼神…………………………………………………………(156)

家庭直讲…………………………………………………［清］陆钧川(163)

上卷　端本　务实……………………………………………………(163)

存心 …………………………………………………………………(163)

立品 …………………………………………………… (164)
言语 …………………………………………………… (165)
作事 …………………………………………………… (167)
读书 …………………………………………………… (168)
技艺 …………………………………………………… (169)
经营 …………………………………………………… (171)
耕织 …………………………………………………… (172)
勤劳 …………………………………………………… (174)
俭朴 …………………………………………………… (175)
警戒 …………………………………………………… (176)
中卷　孝悌　敦睦 ……………………………………… (179)
父母 …………………………………………………… (179)
祖宗 …………………………………………………… (181)
伯叔 …………………………………………………… (183)
兄弟(姐妹附)…………………………………………… (183)
夫妇 …………………………………………………… (185)
教子 …………………………………………………… (186)
训女(戒溺女附)………………………………………… (188)
睦族 …………………………………………………… (189)
下卷　应酬　世务　积善　畏刑 ……………………… (192)
乡邻 …………………………………………………… (192)
亲戚 …………………………………………………… (193)
朋友 …………………………………………………… (194)
济人 …………………………………………………… (196)
爱物 …………………………………………………… (197)
刑法 …………………………………………………… (199)

家庭谈话……………………………………[清]佚　名(202)
孝亲………………………………………………(202)
友爱………………………………………………(204)
敬尊长……………………………………………(206)
使用仆役…………………………………………(208)
爱家………………………………………………(210)
家事………………………………………………(213)
入学………………………………………………(214)
学规………………………………………………(215)
功课………………………………………………(217)
自修………………………………………………(218)
敬师………………………………………………(219)
爱群………………………………………………(221)
爱学堂……………………………………………(222)
仪容………………………………………………(224)
言语………………………………………………(225)
立志………………………………………………(226)
自治………………………………………………(228)
规律………………………………………………(231)
人格………………………………………………(232)
饮食………………………………………………(233)
衣服………………………………………………(234)
居处………………………………………………(236)
沐浴………………………………………………(237)
运动寝息…………………………………………(238)

共同卫生 ……………………………………………………（240）
礼节 ……………………………………………………………（241）
公义 ……………………………………………………………（242）
公德 ……………………………………………………………（244）
爱国 ……………………………………………………………（248）
普通知识 ……………………………………………………（249）
结论 ……………………………………………………………（251）

后记 …………………………………………………………（252）

负暄闲语

[清] 周馥

卷一　读书

幼年读书，须平心静气，详细推索[1]；不可贪多务博[2]。圣贤之语[3]，皆指身心事物上说，非如佛老谈空说妙[4]。如《论语》首章“学而时习之[5]”，必其人有志学问于养心接物，事事上见得自己有不是处，想到圣贤处此，必有至当不易之理[6]，潜心省察，身体力行，随时随地无不用心取法，迨行之有效[7]，心中自有豫悦景况[8]。次节“朋友自远方来[9]”必是向道慕义之人[10]，观摩取益，赏心析疑，焉有不乐之理？末节“人不知，而不愠[11]”，或为世所遗，沉沦牖下[12]；或既仕而黜[13]，动遭乖迕[14]，甚至求全之毁，横逆之来，有人所难堪者。君子体道[15]，眼觑千古之上，心契造化之微[16]，贵贱死生视之如蜉蝣朝菌[17]，安有心与若辈较得失耶？学问到此自然不愠，所以为成德君子[18]。次章“为人孝弟[19]”。须知孝弟非仁人之本[20]，乃为仁之本[21]。孝弟是仁中发见之一端[22]。圣帝明王不能从性分外寻出一事来教人[23]，即强盗暴贼忍心害理，人有伤其亲者无不怫然而怒。天下之人苟能各亲其亲、各长其长，犯上作乱之事自然少见。非同霸道[24]，以权术笼络世人，杜其乱萌也[25]。此即修齐治平之大本[26]。第三章“鲜矣仁[27]”，“鲜”字是孔子巽词[28]，人以巧言令色媚人，无非欺人利己，仁心绝矣。此本小人常态，在今宦场尤多。从来佞臣祸国，病即坐此。惟君相容直拒谀[29]，乃能不受其欺。曾子每日三省是慎独功夫[30]。时时检点自己心地，当是曾子偶说出此三事[31]，不必每日必如此三省，亦不是每日专省此三事。曾子性鲁[32]，独得圣道真传，观其传于子思、孟子[33]，何其精微广大[34]！乃其用功致力之处，如此平平淡淡，须知此即《大学》正心诚意功夫[35]，治平之道即于此。尔辈读书须如此用心，一一参悟，又遇良友常相讨论，自然功候长进，见识超卓，气象亦渐渐不同矣。

注释

[1] 推索：推求寻索。

[2] 务博：专力追求广博。

[3] 圣贤：人格品德崇高且德才兼备的人。此指儒家。

[4] 佛老：即佛家和道家。因佛家以佛陀为祖，道家以老子为祖，故并称佛老。

[5] 《论语》：儒家经典之一。今本共二十篇，系孔子弟子及其再传弟子关于孔子言行的记录，是研究孔子思想的主要资料。　学而时习之：大意是，学了，按照一定时间去实习它。

[6] 至当（dàng）不易：最为合宜而不变。

[7] 迨（dài）：等到，等到……时候。

[8] 豫悦：豫，乐。豫悦，（发自内心的）愉快。

[9] 朋友自远方来：出自《论语·学而》。原文是："有朋自远方来，不亦乐乎？"这两句话的意思是，有志同道合的朋友从远方来，不是很快乐吗？

[10] 向道慕义：仰慕道义。

[11] 人不知，而不愠（yùn）：出自《论语·学而》。愠，怨恨。这两句是说，人家不了解我，我却不怨恨。

[12] "或为"二句：或，有的人；为世所遗，被世人遗忘；

沉沦，埋没不遇的贤士；牖（yǒu）下，窗下，常被借指为寿终正寝。此二句意为，有的贤良之士由于没有机遇而被埋没，老死民间。

[13] 既仕而黜（chù）：仕，做官；黜，降职或罢免。既仕而黜，虽然已经做了官，却被罢免。

[14] 乖迕：抵触，违逆。

[15] 君子：泛指才德出众的人。　体道：身行其道。

[16] “眼觑”二句：觑（qù），看；千古，时代久远；心契，心中领会；造化，指大自然的力量与规律；微，幽深，奥妙。此二句的意思是，眼光深远，看到千古之上；心中领会，洞察自然规律的奥妙。

[17] 蜉蝣（fú yóu）朝（zhāo）菌：蜉蝣，虫名，寿命短者数小时，长者不超过七日；朝菌，菌类，朝生暮死的菌类植物。蜉蝣朝菌，借以比喻短暂的生命，不要看得太重。

[18] 成德：全德，盛德。

[19] 次章：指《论语·学而》章的第二节。这一节的原文是：“其为人也孝弟，而好犯上者，鲜矣；不好犯上，而好作乱者，未知有也。君子务本，本立而道生。孝弟也者，其为仁之本与！”　孝弟：也作“孝悌”。孝顺父母、友爱兄弟。

[20] 仁人：有德行的人。　本：根本，最主要的。

[21] 为仁：为，成为，达到；仁，儒家的一种含意广泛的道德观念，作人的最高标准，其核心为人与人要相亲相爱，即“亲亲”“泛爱人”。为仁，达到“仁”的标准。

[22] 发见：显现，表现出的。　一端：一个方面。

[23] 性分（fèn）：人的本性、天性。孔子认为，人的本性

是相差不多的，只是以后由于各方面的条件不同而使人的性情产生了很大的差别。

[24] 霸道：国君凭借武力、刑罚、权势等进行统治。与儒家提倡的“王道”（以仁义治天下）相对。

[25] 杜：堵塞，杜绝。 乱萌：祸乱的根苗。

[26] 修齐治平：修，修身，修齐自身；齐，齐家，整治家庭；治，治国，管理国家；平，使天下太平。修齐治平，即修身、齐家、治国、平天下。 大本：根本，事物的基础。

[27] “第三”句：第三章，指的是《论语·学而》章的第三节。原文是“巧言令色，鲜矣仁。”鲜（xiǎn），少。这句话的意思是，用巧言语好颜色来讨好别人的人，“仁”就很少了（仁者必直言正色）。

[28] 孔子（前551—前479）：春秋末期思想家、政治家、教育家。儒家的创始者。名丘，字仲尼，鲁国陬邑（今山东省曲阜市东南）人。曹任鲁国司寇。晚年致力于教育。所创儒家学说对后世影响极大。封建统治者一直把他尊为圣人。 巽（xùn）词：委婉的言词。

[29] 君相（xiàng）：国君与国相。此处泛指当权者。 容直：脸上的表情端庄正直。 拒谀：抵制奉承。

[30] 曾子（前505—前436）：名参，字子舆。春秋末鲁国南武城（今山东省费县）人。孔子弟子。提出“吾日三省吾身”的修养方法。后被尊为“宗圣”。 每日三省（xǐng）：省，检查自己。每日三省，每天都多次检查自己。出自《论语·学而》。 慎独：在独处时能谨慎不苟。出自《礼·中庸》：“莫见乎隐，莫显乎微，故君子慎其独也。”

[31] 三事：此指“为人谋”，“与朋友交”和“传”（传

授）这三件事。

[32] 性鲁：性情迟钝。

[33] 子思（前 483—前 402）：战国初期哲学家。姓孔名伋。孔子之孙。相传曾受业于曾子。孟子曾受业于他的门人，他们的学说被称为“思孟学派”。后被尊为“述圣”。现存《礼记》中的《中庸》、《表记》、《坊记》等相传是他的著作。　孟子（约前 372—前 289）：战国时期思想家、政治家、教育家。名轲，字子舆。邹（今山东省邹城市东南）人。受业于子思的门人。他的思想对后世影响很大，被认为是孔子学说的继承人，有“亚圣”之称。著作有《孟子》。

[34] 精微广大：精微，精专细致。精微广大，博大精深。

[35] 《大学》：儒家经典之一。原是《礼记》中的一篇，一说为曾子所作，宋代把它与《论语》《孟子》《中庸》相合，称为“四书”。内容提出格物、致知、诚意、正心、修身、齐家、治国、平天下等，成为后代理学家的纲领。　正心诚意：使心术正，意念诚。这是儒家提倡的一种内心道德修养。语出《礼记·大学》：“欲正其心者，先诚其意，欲诚其意者，先致其知；致知在格物。”

我童年时代侍塾师听讲[1]，师欲讲“学而时习之”句，“学”字停顿良久曰：“‘学’字姑作读书解[2]。”逾年[3]，予稍解朱注[4]，“学”字不专指读书，乃知塾师当时借以指点之意。尔辈此时能将“学”字认得清，参得透[5]，心眼中自露微明。问：“人不知我所学，或至沦落终身[6]，不足以资事畜[7]，将奈何？”曰：此等识见是未闻道以前妄想。试问，志士处贫困之中，将枉道以干时耶[8]？抑甘饥饿待毙耶？应世、谋生亦道理中事。

昔贤有应科举者，有甘下位者，有为农、为商、为苦役者。班定远佣书[9]，郑康成假田而耕[10]，梁鸿赁舂[11]．梅福为市[12]。卒古人有道者[13]，皆能谋生，何至饥困不能自存？昔人有问：“朱子业商可乎[14]？”朱子曰：“陆子静家亦业商[15]，但不可过门限耳[16]”。许仁山教学者须知治生，后人以为诟病，此皆误会。人有此身，有父母妻子，焉得不谋生？常见有因贫而丧其所守者，多矣。《大学》言修身齐家，原主理言[17]，理在事中。若置其身家于度外，何修何齐之有？今人每以干禄为救贫之计[18]，几何不患得患失[19]？所以沽名躁进、汩没于势力中[20]，终身无安静日子。

注释

[1] 侍：承，受。有恭敬意。

[2] 姑：姑且，暂且。

[3] 逾年：过了一年。

[4] 朱注：此指朱熹的《四书章句集注》。包括《大学章句》一卷，《中庸章句》一卷，《论语集注》十卷，《孟子集注》七卷。“四书”之名从此定。注释中颇多发挥理学家的论点。明清统治者提倡理学，定为必读注本。　朱熹（1130—1200）：南宋哲学家、教育家。字元晦，一字仲晦，号晦庵、遁翁，晚年徙居建阳（今属福建省）考亭，又主讲紫阳学院，故亦别称考亭、紫阳，徽州婺源（今属江西省）人。曾任秘阁修撰等职。在哲学上发展了二程（程颢、程颐）有关理气关系的学说，为理学之集大成者，世称“程朱学派”。著有《四书章句集注》《周易本义》《诗集传》《楚辞集注》《通鉴纲目》。后人辑有《晦庵先生朱文公文集》《朱子语类》等。

[5] 参：研究。

[6] 沦落：在此若“沉沦”之意。指没有机遇而被埋没。

[7] 事畜：事奉父母畜养妻子。

[8] 枉道：违背正道。　干时：违背时势。

[9] 班定远：即班超（32—102）。东汉名将。字仲升。扶风安陵（今陕西省咸阳市东北）人。为人有志，家贫，曾佣书（受雇为人抄书）。后投笔从戎，征伐匈奴，战功卓著，保护了西域各族的安全，保障了“丝绸之路”的畅通。封定远侯。

[10] 郑康成：即郑玄（127—200）。东汉经学家。字康成。北海高密（今属山东省）人。曾客耕东莱，聚徒讲学，弟子多至数百千人。因党锢事被禁，潜心著述，遍注群经，成为汉代经学的集大成者，世称“郑学”。在整理古代历史文献上颇有贡献。

[11] 梁鸿：字伯鸾。东汉初扶风平陵（今陕西省咸阳市西北）人。家贫博学，曾依吴（今江苏）皋伯通，居廊下小屋，为人佣工舂米。著书十余篇，今不传。

[12] 梅福：字子真。东汉末寿春（今安徽省寿县）人。长于《尚书》《穀梁春秋》。王莽专政时弃妻子去九江隐居，后有人遇于会稽，变姓名为吴市门卒。

[13] 卒：副词。尽，都。

[14] 朱子：即朱熹。

[15] 陆子静：即陆九渊（1139—1193）。南宋哲学家、教育家。字子静。抚州金溪（今属江西省）人。曾讲学于象山，学者称象山先生，其学说后为明代王守仁继承和发展，称陆王学派。后人辑其作品为《象山先生全集》。

[16] 门限：即门槛。作为内外界限的门下横木。

[17] 主：崇尚，注重。　理：中国哲学概念。程朱派理学

家认为“未有天地之先，毕竟也只是理，有此理，便有此天地。”并且认为“理”是永恒的。

［18］ 干禄：求禄位，求官。

［19］ 几何：多少，有多少。

［20］ 沽名：猎取名誉。　躁进：急于进取。　汩（gǔ）：汩殁。沦落，沉沦。

昔年有友告予曰：“孔子言‘克己复礼’[1]，不言‘克私复礼’者，盖人各有一己，即各有一偏[2]。应各视其所偏而克之，非仅谓昧心害理之私也，‘理’字着空[3]，不如‘礼’字着实[4]，人能于日用诸事合乎当然之理，内外俱彻矣!”予颇服其言。后历观不学之人，如性刚果重风骨者[5]，到老年时则渐粗暴，不知详察事理。性和厚者，渐觉疲懦因循[6]。其聪明伶俐一流人，则趋避愈工[7]，遇事圆滑。仕人到官位大显时[8]，性情愈偏。同犯此病，皆由不知克己之学故也。

“克己”原主去人欲之私、救气质之偏两说[9]，后人又添习俗之蔽一语。理自通贯，如人之气体不同、才力各异[10]，俱须加审察克治之功[11]。譬如人饮食多少，身体耐劳与否，气体也[12]。人当慎饮食以养身，节其劳而专力于应治之事[13]。性情刚柔，度量宽狭，识见缓速，此才力也。必如古人佩纮佩韦以自警[14]，会友辅仁以取益[15]，皆所以克之也。世人不知学，尝见有自命正人者，每谓我心无一私可克，粗莽可笑。大道无所不在[16]，学者随所在而修也。

注释

［1］ 克己复礼：语出《论语·颜渊》：“克己复礼为仁。”约束自我，使言行合乎先王之礼。

［2］ 偏：片面，侧重。

[3] 着（zháo）：感到。

[4] 礼：规定社会行为的法则、规范、仪式的总称。

[5] 刚果：刚正而有决断。 风骨：品格、骨气。

[6] 疲懦：软弱无能。 因循：保守，守旧。

[7] 趋避：此指趋利避害或趋吉避凶的本领。 工：精巧。

[8] 大显：在统治集团中大有权势。此指官居高位。

[9] 人欲：人的欲望与嗜好。

[10] 气体：此指人的气质与形貌。

[11] 克治；克制私欲杂念。

[12] 气体：此指人的精气（人体正气）和身体。

[13] 应治：指应世（应付世事）与治世（治理天下），或指应世与治生（谋生计）。

[14] 佩絃：即“佩弦”。佩带弓弦。因弦常紧绷，性缓者佩以自警。 佩韦：韦，韦皮，性柔韧。佩韦，佩带韦皮，性急者佩以自警。

[15] 会友：会聚朋友。 辅仁：培养仁德。

[16] 大道：正道，常理。此指最高的治世原则，如伦理纲常之类。

宋儒言[1]，致知须敬[2]。张杨园亦曰[3]：“修齐在致知，致知在敬。”今人多不解。予拟加一解曰：心静乃能悟理，不敬何以静？如人之心，日扰于嗜欲之场，本体已昏，安能参究物理[4]？诸葛武侯曰[5]：宁静以致远[6]，即是此意。格物原就己心中已知事物之理[7]，而复遇事参究[8]，自然理境日豁[9]。若如王阳明之门人将庭前竹子亦加格物工夫[10]，积思成病[11]，是入魔道矣。或谓西人精一艺臻绝诣[12]，安知静敬功夫？曰：彼心专而不纷，即是孟子以奕秋教奕喻学道者[13]，即是此意。

读书时，遇有意义于心不安处[14]，不可骤下评论，涂抹卷籍；务须平心研讨，倘实见有义欠明、理欠真者，久之翻阅他书，必有前人论断；再为审度事理，或遇友商榷，益见分晓。

读书以《四书》《五经》及性理等籍为主[15]，史汉诸书有关经济者次之[16]，西学则又次之[17]。必经史已通大义，再求专门之学，尤须先考中国典籍，再考西书。中国典籍中自有专门，若不通经史而径步趋西学[18]，必致中无主宰[19]，作人奴婢。

注释

[1] 宋儒：宋代学者。

[2] 致知：获得知识。 敬：严肃，恭敬。

[3] 张杨园：即张履祥（1611—1674）。清代学者。字考夫。桐乡（今安徽省桐城县北）人。因居于杨园村，学者称杨园先生。晚年专意研究程朱理学。有《杨园全书》。

[4] 物理：事物的道理、规律。

[5] 诸葛武侯：即诸葛亮（181—234）。三国蜀汉政治家、军事家。字孔明。琅邪阳都（今山东省沂南）人。协助刘备建立蜀汉政权。刘备称帝后任丞相。刘禅继位，他被封为武乡侯，领益州牧。有《诸葛亮集》。

[6] 宁静：清静寡欲，不慕名利。

[7] 格物：推究事物的原理。

[8] 参究：参验考究，考核验证并加以研究。

[9] 理境：通过叙事说理而体现的境界。 日豁：一天比一天开阔。

[10] 王阳明：即王守仁（1472—l528）。明哲学家、教育家。字伯安。余姚（今属浙江省）人。曾在故乡阳明洞中筑室讲学，世称阳明先生。先后任刑、兵部主

事。他发展了陆九渊的学说用以对抗程朱学派。著有《传习录》《王文成公全书》。

[11] 积思：专心思考，积久思考。

[12] 西人：即西洋人。清代指大西洋两岸即欧美各国为西洋。 臻：达到。 绝诣：极高的造诣。

[13] 孟子以奕秋教奕喻学道者：奕秋，即弈秋，古代一个善于下棋名字叫“秋”的人。《孟子·告子上》讲了这样一个故事：弈秋是一个善于下棋的人。让弈秋教两个人下棋。其中一人专心致志；另一人则想其他事情。二人同时学习，效果却大不一样，不是前者比后者聪明，而是后者用心不专一。

[14] 安：妥善。

[15] 四书：《大学》《中庸》《论语》《孟子》的合称。长期为封建社会进行科举考试的标准用书。 五经：《诗》《书》《礼》《易》《春秋》等五部儒家经典著作。 性理等籍：性理学之类的书籍。即宋儒程（程颢、程颐）朱（朱熹）学派的理学著作之类。因程颐提出“性即理也”，故清儒称程朱派理学为“性理”之学。

[16] 史汉：《史记》《汉书》。 经济：经国济民，管理国家、民众。

[17] 西学：此指从欧美传来的自然科学和社会科学。

[18] 径：比喻能达到某种目的的不正当门路。 步趋：追随，效法。

[19] 中：内心。 主宰：居于支配地位的人或事物。

读书以研究道理、身体力行为要[1]，溧阳陈作梅先生鼒曰[2]：昔人言“考据家如贩古董[3]，词章家如优伶[4]”。言于己无所得也，到用时胸中毫无主张。

予幼年喜亲近有道之士。尝设一譬问石埭陈虎臣艾先生曰[5]："圣贤谈理，原为处事而发；如今人空谈说理，流弊甚大。如饮食必有水，犹事必依理而行也。今乃仿晋人清言[6]，而于事物上全无省察，是乃专以水充腹也。可乎?"虎臣先生曰："我尝谓'士人读书须从阅历上进功[7]'，即是此意。"

小说闲书不可入目。余幼时见友人说"列国演义"事迹多实[8]，因瞒先生借观之，过目不忘。后又阅《三国演义》[9]，则觉其张皇粉饰[10]，无足观矣。乃觅《三国志》读之[11]，始知纲要[12]。然嫌其尊魏而抑蜀，欲觅他善本[13]，迄未得，"二十四史"已阅四分之三[14]，觉古今事迹大抵皆同褒贬，亦间有附会，不如看圣贤书与大儒专集较为餍心[15]。今我衰老，眼昏不能多读。欲得素心人来往讨论[16]，亦不易遇。每日得闲，仍翻阅书籍。与其强颜与人酬应[17]，不如对古人证心性也[18]。予幼时，见乡塾子弟案头只有时文数册[19]，心窃鄙之；若见有淫词曲本[20]，更鄙其人，遂不与往来。尔辈读书须知弃取，勿枉费光阴。

读书先定主意。要看何书，必将此书从头至尾细细看过，不可中辍，亦不可看一段弃一段。看毕后，全书融贯在胸，知所去取，再看他书，更易贯通。能将全书大意作一论记之[21]，俾无遗忘，亦一善法。若贪多骛博，见异思迁，徒劳神无益，不如不读。

注释

[1] 身体力行：亲身体验、努力实践。

[2] 溧阳：西汉置县。治所多有变动，大体在今江苏省溧阳县附近。 陈作梅先生鼒：姓陈名鼒字作梅的年长有道者。

[3] 考据家：此指以校勘、训诂为手段进行研究的乾、嘉学派，以区别于周馥所推崇的宋代理学家。

[4] 词章家：词章，同“辞章”，诗文的总称。词章家，诗文作家。　优伶：演员。

[5] 石埭：南朝梁置县，治所多有变化，清代时在今安徽省石台县东北广阳镇。

[6] 清言：又称“清谈”“玄言”。魏晋时期崇尚虚无，空谈名理的一种风气。始于魏，盛于晋，延及南朝齐、梁。

[7] 阅历：经历。　进功：取得进步与功效。

[8] “列国演义”：疑指《列国志传》或《东周列国志》之类书籍。《列国志传》，明余邵鱼撰，有八卷本和十二卷本，演述春秋各国故事。《东周列国志》，清蔡元放评，一百零八回，实为明冯梦龙《新列国志》的评点本，作品叙事起于周宣王，讫于秦始皇。

[9] 《三国演义》：明初罗贯中撰。全称《三国志通俗演义》。系长篇历史小说。描写由东汉灵帝中平元年（公元 184 年）至西晋武帝太康元年（公元 280 年）间的历史故事。

[10] 张皇：扩大，张狂。　粉饰：对无足可观的东西加以刻意涂饰。

[11] 《三国志》：纪传体三国史。西晋陈寿撰。六十五卷，分魏、蜀、吴三志。

[12] 纲要：此指三国时期史实的大纲要领。

[13] 善本：此指客观评价三国史实的书籍。

[14] 二十四史：二十四部纪传体史书。清乾隆时《明史》定稿，诏刊《史记》《汉书》《后汉书》《三国志》《晋书》《宋书》《南齐书》《梁书》《陈书》《魏书》

《北齐书》《周书》《隋书》《南史》《北史》《旧唐书》《新唐书》《旧五代史》《新五代史》《宋史》《辽史》《金史》《元史》《明史》等二十四部史书。

[15] 圣贤书：此指儒家所称经典的著作。 大儒：学行兼良的儒学大师。 餍（yàn）心：内心得以满足。

[16] 素心：心地纯洁。

[17] 强（qiǎng）颜：勉强表示欢心。

[18] 证：验证。 心性：中国古典哲学范畴，指“心”和“性”。程颐、朱熹认为，“性”即“天理”，“心者，人之神明”。后人亦以“心性之学”称宋明理学。

[19] 时文：相对“古文”而言，称科举考试之文。明清时称八股文为时文。

[20] 淫词：放荡猥亵之词。 曲本：唱本，戏曲作品。

[21] 作一论记之：作一篇记叙性的文章来记住它。

一部《四书》，凡淑身、淑世、经济、权变[1]，以及大地、鬼神、男女、饮食[2]，凡幽渺不可知之数、细微不可穷之事[3]，无不包括靡遗[4]。《论语》尤觉简浑精粹[5]，人能沉思静虑、细细体察，无不愈推愈远、愈研愈深。昔人谓孔孟单词片语，皆足括二氏之精微而去其偏[6]。予十三岁能粗解大义。二十余岁，又取释老诸子之书阅之[7]，惟爱荀子[8]，次则老子[9]。四十以后，觉诸子二氏皆不及孔孟。苦资秉愚钝[10]，不能融会于心，又取《近思录》反复玩之[11]，访有志之士辩论之，仍多隔膜[12]。惟抱“诚”“敬”二字，时时提撕此心耳[13]。今衰朽家居，复取《近思录》《四书》朝夕玩绎[14]，乃知圣贤之言，简淡之中精微毕具，可以参造化、感鬼神。阅世五十年[15]，今始稍领悟，犹恨未能一一身体力行[16]，恨尔辈未能朝夕随侍讲论，一大憾事。

孔曾思孟四书从“道心惟微”“人心惟危”数句出来[17]；宋

朱子集周张二程子之书为《近思录》[18]，即从孔曾思孟书出来；后世许多兵、农、刑政[19]，有益身心国家之书，皆从宋四子之书推演出来。或由之而不知[20]；或语焉而不详耳[21]。世人眼孔小、心思粗，自看不出。

经史外，如算学、天文、地理、吏治、律例、农学、医学等书，凡有益于处家、做官、应世、谋生者，必须购藏多部。近人劝善书，如吕新吾《呻吟语》[22]，陈文恭《五种遗规》[23]，张文端《聪训斋语》等书[24]，有益身心，不可不看。其说文、训诂、诗赋及各名家诗文集，不必多求。天文只须略明历算[25]，其占休咎之说切不可信[26]。地理须知风俗、物产、险要；徒识道里远近，无益也。

注释

[1] 淑身：以善修身。　淑世：济世。　权变：机变，随机应变。

[2] 天地：天和地，此指自然界或社会。　鬼神：中国哲学术语。指天地间一种精气的聚散变化。　男女：此指性欲。　饮食：此指食欲。饮食男女，泛指人的本性。语出《礼记·礼运》："饮食男女，人之大欲存焉。"意思是，对饮食和性的需求，是人们最基本的需要。

[3] 幽渺：亦作"幽妙"。精深微妙。　数（shù）：道理。　穷：寻根究源。

[4] 靡遗：无遗。

[5] 简浑：简古质朴。　精粹：淳美，精美纯粹。

[6] 二氏：释（佛）、老（道）两家。　精微：精细隐微。偏：偏颇，不公正。

[7] 释老：即"二氏"、"佛老"。佛家与道家。　诸子：

此指先秦至汉初各派学者。

[8] 荀子（约前 313—前 238）：战国时期思想家、教育家。名况。赵国人。他批判和总结了先秦诸子的学术思想，对古代唯物主义有所发展。著有《荀子》。

[9] 老子：有二说：①相传为春秋时思想家，道家的创始人。字伯阳，楚国苦县（今河南省鹿邑东）人。做过周朝管理藏书的史官。孔子曾向他问礼。著有《老子》。②即太史儋或老莱子。《老子》一书是否为老子所作，历来有争论。《老子》亦称《道德经》《老子五千文》，是道家的主要经典。

[10] 资：聪明才智，资质。 秉：秉性，天性。

[11] 《近思录》：阐述儒家性理的概论性著作。南宋朱熹、吕祖谦同撰。十四卷，摘录北宋周敦颐、程颢、程颐和张载的言论，共六百二十二条，分“道体”“为学”“致知”“存养”等十四门。书名取义为“切问而近思”（《论语·子张》）。 玩：研习、体味，体会。

[12] 隔膜：若“隔阂”。彼此情意不通。

[13] 提撕：提醒，振作。

[14] 玩绎：玩味探求。

[15] 阅世：经历世事。

[16] 恨：遗憾。

[17] 孔曾思孟：指孔子、曾子、子思、孟子四人的著作。

道心惟微、人心惟危：道心，道德观念；微，幽微，隐微，精深；人心，人的心地、感情；危，危险。道心惟微、人心惟危，意为道的内涵是精微的，人的思想是危险的。语出《尚书·大禹谟》：“人心惟危，道心惟微，惟精惟一，允执厥中。”

[18] 朱子：此指朱熹。 周张二程子：此指周敦颐、程

颢、程颐、张载，即下文所称宋四子。周敦颐（1017—1073），字茂叔。道州营道（今湖南省道县）人。北宋哲学家。官大理寺丞等。著《太极图说》及《通书》四十篇。有《周子全书》。张载（1020—1077），字子厚，凤翔郿县（今陕西省眉县）人。北宋哲学家。官崇文院校书等。著有《正蒙》《易说》等。程颢（1032—1085）、程颐（1033—1107）宋理学家。颢，字伯淳，学者称明道先生；颐，字正叔，学者称伊川先生，洛阳（今属河南省）人。兄弟二人同为北宋理学的创立者，世称“二程”。他们的学说为朱熹继承和发展，称为“程朱学派”。其著作收入《二程全书》。

［19］ 刑政：刑法政令。

［20］ 由：遵从，遵照。

［21］ 语：议论，谈论。　详：详细，周遍。

［22］ 吕新吾：即吕坤。字叔简，号新吾或心吾。明代宁陵（今河南省宁陵县）人，万历进士。历任山西巡抚，刑部侍郎。著作有《呻吟语》《四体疑》《四体翼》《交泰韵》《闺范》《实政录》《去伪斋文集》等。

［23］ 陈文恭：即陈弘谋。字汝咨，号榕门。清代临桂（今广西壮族自治区临桂县）人。雍正进士。官至东阁大学士兼工部尚书。谥“文恭”。著作有《五种遗规》《培远堂稿》。

［24］ 张文端：即张英。字敦履，号乐圃。谥“文端”。清代桐城（今安徽省桐城县人）。康熙进士，官至文华殿大学士兼礼部尚书。著作有《恒产琐言》《聪训斋语》《笃素堂文集》《易书衷论》。

［25］ 历算：历法。

［26］ 占：占卜。推算吉凶的一种迷信活动。 休咎：吉凶，善恶。

读书是广闻见、开性灵[1]，其中自有乐趣。若孩童性钝，可少读几句，总以得解为要。终日据案呫哔[2]，嚼蜡无味，必以为苦，徒伤其身体，锢其灵明，何为乎？每日得闲，能取古人浅语诗文及懿行佳言随意讲解[3]；或引至闲旷处游眺，随事指点，于养身养心皆有裨益。

读古人诗文须择理胜者[4]，其情韵胜者次之[5]。如唐宋八大家文[6]，首韩欧[7]，次苏[8]，次曾[9]，余又次之[10]。古文渊鉴多阐治道，较唐宋文醇尤高。若求作文体裁，则《昭明文选》《古文类纂》尽之[11]。诗集以唐宋诗醇[12]，陶靖节、杜工部、白香山、陆放翁等集为优[13]，以其宣扬性情[14]，尚得风人雅致[15]。若他名集，专讲情趣格调者，可以闲玩，不必多览。人能诗文却是游于艺工夫[16]；不能，亦为士人缺憾，但落笔须具理趣得[17]，立言体不可粗漫油滑[18]。若讥时骂人，则成轻薄子矣[19]。

古人教子弟须要安详恭敬，何况读书作文，岂可使气任意？即如作字必须恭敬，一笔一笔从容写去，大凡文艺工拙[20]，虽与人品无涉，亦可观人之福泽功业也[21]。

注释

［1］ 性灵：性情，此泛指精神生活。

［2］ 呫（chān）哔：亦作“呫毕”。原指经师不懂经义，只视简上文字诵读以教人。此泛指诵读。

［3］ 懿行：善行，美行。

［4］ 理胜者：表现事理占优势地位的。

［5］ 情韵：情致，精神韵致。

[6] 唐宋八大家：指唐、宋两代八位著名的散文家。即唐代的韩愈、柳宗元和宋代的欧阳修、苏洵、苏轼、苏辙、王安石、曾巩。

[7] 韩欧：此指韩愈与欧阳修。韩愈（768—824），字退之。唐代文学家、哲学家。河南河阳（今河南省孟县西）人。郡望昌黎。世称韩昌黎。曾任国子博士、刑部侍郎。为古文运动倡导者之一。其散文在继承先秦、两汉古文的基础上，加以创新和发展，气势雄健，被列为唐宋八大家之首；其诗力求新奇，以文入诗，对宋诗影响颇大。有《昌黎先生集》。欧阳修(1007—1072)，北宋文学家、史学家。字永叔，号醉翁、六一居士。吉水（今属江西省）人。曾任参知政事。北宋古文运动的领袖。所作散文说理畅达，抒情委婉；诗风流畅自然。有《新五代史》《欧阳文忠集》等。

[8] 苏：指苏轼（1037—1101）。北宋文学家、书画家。字子瞻，号东坡居士。眉山（今属四川省）人。官至礼部尚书。其文汪洋恣肆，明白畅达；其诗清新豪健，独具一格。有《东坡七集》等。

[9] 曾：指曾巩（1019—1083）。北宋文学家。字子固。南丰（今属江西省）人。官至中书舍人。散文平易，有《元丰类稿》。

[10] 余：此指柳宗元、苏洵、苏辙、王安石。柳宗元(773—819)，唐文学家、哲学家。字子厚。河东解（今山西省运城县解州镇）人。曾任礼部员外郎，后贬为永州司马，又迁柳州刺史。与韩愈并称“韩柳”。其文峭拔矫健，说理透彻，诗则风格清峭。有《河东先生集》。苏洵（1009—1066），北宋散文家。字明

允。苏轼之父。曾任秘书省校书郎。有《嘉佑集》。苏辙（1039—1112），北宋散文家。字子由，号颍滨遗老。苏轼之弟。与其父洵、其兄轼并称“三苏”。有《栾城集》。王安石（1021—1086），北宋政治家、文学家、思想家。字介甫，号半山。抚州临川（今江西省抚州市）人。曾任宰相，推行变法。其散文雄健峭拔，诗歌则遒劲清新。有《临川集》等。

[11] 《昭明文选》：总集名。南朝梁萧统（昭明太子）编选。选录自先秦至梁的诗文辞赋七百余篇，分为三十八类。其中包括许多有代表性的作家作品，为现存最早的诗文选集。　《古文辞类纂》：总集名。清姚鼐编。凡七十五卷。选录战国至清代的散文辞赋，依文体分为论辩、序跋、诏令、辞赋等十三类。

[12] 醇：淳朴厚重，纯而不杂。

[13] 陶靖节：即陶渊明（365或372、376—427），东晋大诗人。一名潜，字元亮，私谥“靖节”。浔阳柴桑（今江西省九江市）人。曾任江州祭酒、彭泽令等。因不满朝政黑暗，决心辞官归隐。长于诗文辞赋，兼有平淡与爽朗之胜，独具一格。有《陶渊明集》。杜工部：即杜甫（712—770）。唐大诗人。字子美，自称少陵野老。原籍襄阳（今属湖北省），迁居巩县（今属河南省）。曾为检校工部员外郎，故世称杜工部。其诗被称为“诗史”。风格以沉郁为主。有《杜工部集》。　白香山：即白居易（772—846），唐代大诗人。字乐天，晚年号香山居士。原籍太原（今属山西省），迁居下邽（今陕西省渭南东北）。曾官左拾遗等。因得罪权贵，贬为江州司马，后官至刑部尚书。积极倡导新乐府运动。诗风平易，语言通俗。有《白

氏长庆集》。　陆放翁：即陆游（1125—1210），南宋大诗人。字务观，号放翁。山阴（今浙江省绍兴）人。曾任通判，后从军，力主抗金。官礼部郎中。晚年归隐。创作诗歌很多，今存九千余首，风格以雄浑豪放为主。有《剑南诗稿》《渭南文集》《南唐书》《老学庵笔记》等。

[14] 性情：人的脾性、性格。

[15] 风人：古代采诗以观民风的人。后亦称诗人为风人。雅致：风雅的意趣。

[16] 游于艺：语出《论语·述而》。即"游艺"。游憩于六艺（古代学校教的内容：礼、乐、射、御、书、数）之中。后泛指学艺修养。

[17] 具理趣得：有义理得情趣。

[18] 立言：著书立说的立论或提出的某种见解和主张。

[19] 轻薄子：轻薄放荡的后生。

[20] 文艺：此指撰述和写作方面的工夫。　工拙：犹言优劣。

[21] 福泽：此指福禄。　功业：功勋事业。

卷二 体道[1]

孔子曰：逝者如斯，不舍昼夜[2]。老子言橐籥、言张弓[3]，皆指气言[4]。朱子言，鬼若长存，则开辟以来[5]，不知亿万万将积于何处？试问，乾道变化、变化个甚[6]？亦指气言。

孔子言，为政以德[7]，天下归仁[8]。天何言哉？孟子言，人性无不善[9]。恻隐之心，仁之端也[10]。不嗜杀人者，能一天下等语[11]，皆指性言。有性斯有理[12]，有理斯有气。气有变灭[13]，理无变灭。无理则无性，亦无气矣。

或曰：性难见。曰：在性之所发处，见之人身肌理和暖气也[14]。是生虮虱，周身痛痒，一触即知性也，是与虚空无间[15]。触虚舟而不怒[16]，见赤子入井而生悲[17]，理也，是人与一切生物知识皆同。理具性中而知识生焉，性帅气动而气体成焉[18]。理不变性亦不变。气有偏全厚薄，体有生死存亡。

注释

[1] 体道：躬行正道。亲身实践正确的准则。

[2] “逝者”二句：出自《论语·子罕》：“子在川上曰：逝者如斯夫，不舍昼夜。”逝，流去，过去；舍，止息。这两句意为，孔子在川水之上，见川水流逝不可追复而感叹时事：过去的事和川水一样，昼夜不停地流

逝而不可追复。

[3] 橐籥（tuó yuè）：古代冶炼时用以鼓风的工具，状如风箱。“橐”，外面的箱子；“籥”，里面的送风管。语出《老子》：“天地之间，其犹橐籥乎？虚而不屈，动而愈出。” 张弓：拉弓。语出《老子》：“天之道，犹张弓与？高者仰之，下者举之，有余者损之，不足者补之。”

[4] 气：中国哲学概念。一般是指构成世界万物的本源，是一种极细微的物质。北宋张载认为：“太虚不能无气，气不能不聚而为万物。”南宋朱熹则认为：“未有天地之先，毕竟也只是理……有理便有气，流行发育万物。”这种客观唯心主义者认为“气”是一种在“理”之后的物质。

[5] 开辟：即开天辟地。天地初开，宇宙的开始。

[6] 乾（qiàn）道：天道。

[7] 为政以德：为政，处理政事。为政以德，用德来处理政事。

[8] 天下归仁：出自《论语·颜渊》。天下，全国；仁，儒家的一种最高道德标准，其核心指人与人相互亲爱。天下归仁，全国都统一在“仁”的最高标准之下。

[9] 人性无不善：出自《孟子·告子上》。人性，人的本性。人性无不善，人的本性都是善良的。

[10] “恻隐”二句：出自《孟子·公孙丑上》。恻隐之心，（对别人的）同情之心；仁之端也，仁的开头。此二句意为，有对别人的同情之心，这就是达到“仁”这种崇高道德标准的基础。

[11] “不嗜”二句：出自《孟子·梁惠王上》。嗜，嗜好，

喜爱，爱好；一，统一。此二句意为，不喜好杀人的人能统一天下。

[12] 斯：连词。则，乃。

[13] 变灭：变化泯灭。

[14] 肌理：皮肤的纹理。　和暖：温暖。

[15] 虚空：天空。　无间（jiàn）：没有差别。

[16] 触虚舟而不怒：此句典出《庄子·山木》："方舟而济于河，有虚舟来触于舟，虽有惼（biǎn）心之人（心胸狭窄的人）不怒。"虚舟，无人驾驭的船只。此句意为，即使是心胸狭窄的人驾船过河时，与无人驾驭的船相碰撞也不会发怒。

[17] 赤子：婴儿。

[18] 帅：引导。　气体：此指所谓气的实体。

花出于枝，枝出于茎，茎出于根，根出于土，土具生气而充周无外[1]；天之上，地之下，人畜之身内身外，无非此生气。凡所见闻，无巨无细，无古无今，皆离不得此气；无此气即无天地万物矣。盈天地间，皆气也。气中有性[2]，性中有理[3]。生老病死，气之谓也；生而为英，死而为灵，性之谓也；恻隐是非，羞恶辞让，理之谓也。性藏气中，犹春在花，即魂附体魄之证；理在性中，如明在镜，即民情可见，公道不泯之证。目能视，非目能视，魂灵视也；亦非魂灵能视，性视也；非我性能视，乃天地之性使我视；亦非天地之性使我视，乃有主宰天地之性者使之不得不视也。《楞严经》谓[4]：视河水大小无老少异者，即知觉之性欲人认明，此性为见道之本[5]。然以不愿视者迫使视之，必掉头而去。《论语》："非礼勿视[6]"，系论性中之理，如不应视而视之，则违仁矣[7]。以此知：性即理，统乎知觉而为气之帅也。佛家则以知觉为性，不言性中之理，专言人身情欲之害，遂以生为苦，以无生为乐，创为六根六尘之说[8]，因噎废食，究不离自私自利之见，与道家养气返真[9]，逆天行道之路径略同[10]，但大小精粗差别耳。譬如小儿在胎中，初无知识[11]；及胎将成，按之知所移动，微有知识也；初生时，目能动，耳能听，有知识矣而情未动；数月后，啼笑可人，知识渐开；自此，由幼而壮、而老，人事纷沓[12]，多为气体所使。此乃天地气机[13]，自然流行不息。人生身在五伦之中[14]，性不出七情以外[15]，但能用得其正即为完人[16]。今道家乃欲专守此气而不用，佛家更欲守此知识而不用，是欲横截中流而逆以行之，所以学之者千万，成之者无一二；甚至诬民惑世、旁骛丧生[17]。何若我儒，尽人合天之为正道也[18]。人受父母遗体而有身，受天地之气而有性。性者，造物之源，万物同具者也。性失，则体无附托矣。孔子曰："人之生也直，罔之生也幸而免[19]"。佛氏以报应之说不足警悟俗人，乃设为天堂地狱之喻。盖人死而游魂不即澌灭[20]，其神识乃是生人所遗，冥冥中自有主持之者。其轮回转世之语[21]，善者福，恶者祸，亦若儒书中和气致祥、戾气致殃之语[22]，皆由个人自取，不必说得太拘。总之，气体灭，性亦随散。其魂灵、知识有不即灭者，必其秉赋之厚，或在生郁积之深，要无久而不灭之理[23]。史书中有言鬼享食、鬼配婚及酬恩报怨等事[24]，皆游灵神识未断，非性之本体也。温公言[25]：人有死而转世者，未闻见有阎罗[26]。此为讽经求度者破惑[27]，不必问其有无。鬼神原是阴阳之气、造化自然之迹，何待阎罗王为之主持？或曰："阴间有官府，亦犹阳间有官吏，代天理物，不必言无。"信如此说，则阎罗王仍是为造化所使，岂擅作祸福？阴阳一理：阳官不能徇情而脱恶人之罪；阴官岂为恶人拜忏求超脱者一援手耶[28]？

注释

[1] 生气：使万物生长发育之气。 充周：充满（一切地

方）。　无外：无穷，无所不包。

[2] 性：此指“性命”。中国古代的哲学范畴。指万物的天赋和禀受。

[3] 理：中国古代的哲学范畴。指事物的条理或准则。

[4] 《楞严经》：佛教经名。亦称《首楞严经》。为《大佛顶如来密因修正了义诸菩萨万行首楞严经》的简称。十卷。译者有二说：①释怀迪和不知名的梵僧共译；②般刺密帝与弥伽释迦、房融等共译。

[5] 见道：洞彻真理，明白事理。

[6] 非礼勿视：出自《论语·颜渊》。意思是说，不合乎礼的事不看。

[7] 仁：儒家的道德范畴之一。含意极广，本指人与人相亲相爱，孔子认为应包括恭、宽、信、敏、惠、智、勇、忠、孝、弟、恕等内容。

[8] 六根：佛教名词。根是“能生”的意思，因眼能感觉色，耳能感觉声，故称眼、耳等为根。六根，指人身的眼、耳、口、鼻、舌、意。　六尘：佛教名词。色、香、触、味、法、声的合称。当它与“六根”相配使用时又称“六境”。

[9] 养气：此指道家的一种修炼方法。　返真：返归真境。道家认为人死后归于自然，故“返真”可指成仙得道，又可作为死的婉转说法。

[10] 逆天：违背天意或违背天道。　行道：修道。

[11] 知识：了解辨识事物的能力。

[12] 纷沓：纷繁杂沓。

[13] 气机：此指天地有规律运行的自然功能。

[14] 五伦：亦称“五常”。封建宗法社会称君臣、父子、夫妇、兄弟、朋友五种人与人的关系。

[15] 七情：此指儒家所说的喜、怒、哀、惧、爱、恶、欲等七种感情或心理作用。

[16] 完人：德行完美的人。

[17] 诬民：欺蒙百姓。 惑世：迷惑世人。 旁骛：别有追求。

[18] 尽人：尽人力之所能。 合天：合乎天道，合乎自然规律。

[19] “人之生”二句：出自《论语·雍也》。直，正直；罔，诬罔，以不实之词或虚伪的行为欺骗人。此二句意为，人生于世而不夭亡是因为他正直；有的诬罔之徒也能寿终正寝是幸而避免了夭亡。这两句是告诫人们应以正直为德。

[20] 澌（sī）灭：澌，竭尽。澌灭，消灭净尽。

[21] 轮回：佛家认为众生都辗转生死于天、人、阿修罗、地狱、饿鬼、畜生六道之中。因各人所作所为的善恶不同而在六道中的升降也不同。只有成佛的人才能免受轮回之苦。

[22] 和气：古人所认为的一种“气”，由天地间的阴气与阳气交合而成，可以生成万物。 戾气：邪恶之气。

[23] 要（yào）：表示总括的词。总之。

[24] 享食：享受祭祀。

[25] 温公：即司马光（1019—1086）。北宋大臣、史学家。字君实，陕州夏县（今山西省夏县）人。神宗初，任翰林兼侍读学士。因反对王安石变法，辞官居洛阳，潜心著述。哲宗即位诏入朝，为相八个月病死，追封为温国公。所编《通志》赐名《资治通鉴》。遗著有《司马文正公集》等。

［26］阎罗：梵文阎魔罗阇（yamarāja）的简译。亦称“阎罗王”“阎王”。传说是主管地狱的神。

［27］讽经：背诵佛经。 求度：度，佛家用语，超度，使人超出尘俗、生死。求度，希望被超度。

［28］拜忏：僧尼为信徒诵经忏悔。 援手：救助。

佛言[1]：人之作梦，乃过去现在识神所牵挂。朱子曰[2]：人睡时，魂与魄交而心在其中，遂感而作梦。故知，梦者乃魂不主事之时，识神作弄，所以颠倒错乱，瞬息变灭。以此知背理违性之举动，不能久存。

问[3]：呼吸，春秋之喻耶？朝作夕眠，生死之喻耶？种麻得麻，种豆得豆，其轮回因果之喻耶？曰：昔贤固如此说。

问：语云：醉汉折车不死，其神全也。老庄殆醒而全其神者欤？孔子何如？曰：孔子所欲不逾距，处五伦之中而用，发而中节之[4]，七情自能合乎天道，与造化同流，其德大矣。仅以养生全神论之，小矣。

问：理具性中而五常生焉。天何以不尽生善人，又生毒草猛兽？曰：乾健不息[5]，生物不已[6]。地气感化，自有纯驳之异[7]。若天气不和，则水旱瘟疫至矣，岂特毒草猛兽？要知天性本善，故天生善人多、恶人少，良卉多、恶草少，雨旸时若之日多、水旱灾戾之日少[8]。譬若人周身气血流行，无一息之停，有时亦生疮疡，究非流行本性。《书》曰[9]：“燮理阴阳”[10]，所贵君相辅相裁成[11]，代天理化也。

问：人所以丧其性者，为逞气体之欲。必有以断之乃无患。曰：如若所言，必求之佛道乃可，恐人类绝而气体无存，岂不肯天地好生之道乎？夫气体之欲，肾愚所同，视其心之所主如何耳。朱子作《中庸·序》曰[12]：“人莫不有是形，故虽上智不能无人心，亦莫不有是性，故虽下愚不能无道心。”圣贤所处，岂能逃出饮食男女、贫贱富贵之外？要自有一条恰当路径，循分合理做去。声色货利之中皆见天理，不必逃入深山，断绝人类。程明道曰[13]："视听，思虑，动作，皆天理也。但于其中要分真与妄耳。"老庄皆言[14]："人之患，在于有身。"此为纵欲者指迷，非教人逃出伦理之外。

注释

［1］佛言：佛，"佛陀"的简称。佛言，此泛指佛（释）家学派的认识。

［2］朱子：此指朱熹。

［3］问：以下各段是作者以问难的方式来阐明自己的观点。"问"，是作者假设的论敌的设问；下文的"曰"，即是作者作答。

［4］中（zhòng）节：合乎礼义法度。

［5］乾健：天德刚健。语出《易·乾》："天行健，君子以自强不息。"

［6］生物：此指化生天地万物。　不已：不停止。

［7］纯驳：纯粹与驳杂。

［8］雨旸（yáng）：雨，下雨；旸，日出。雨旸，正常地降雨与出日。　时若：四时和顺。

［9］《书》：《尚书》的简称。儒家经典之一。相传系孔子编选而成。为中国上古历史文件和部分追述古代事迹著作的汇编。

［10］燮（xiè）理阴阳：燮理，协调治理；阴阳，古代认为化生万物的哲学范畴。燮理阴阳，阴阳协调，化生治理万物。这句话出自《尚书·周书·周官》，全文是："立太师太傅太保，惟兹三公，论道经邦，燮理阴阳。"意为，臣辅君，共同治理天下。

[11] 君相（xiàng）：国君与国相。 辅相：佐助。 裁成：剪裁制成。语出《易径·泰》："天地交，泰，后以财成天地之道。"后引"财成"作"裁成"。此句意为，臣辅君治理天下。这是对"燮理阴阳"的具体解释。

[12] 《中庸》：儒家经典之一。原是《礼记》中的一篇。相传为战国时子思所作。其内容肯定"中庸"是道德行为的最高标准，即处事不偏不倚，无过无不及；并且把"诚"看成是世界的本体，达到"至诚"即达到人生的最高境界；书中还提出"博学之，审问之，慎思之，明辨之，笃行之"的学习和认识的方法。这些，都对后世产生了巨大的影响。

[13] 程明道：即程颐。

[14] 老庄：老子和庄子的并称。庄子（约前369—前286），战国时期思想家。名周。宋国蒙（今河南省商丘县东北）人。曾任蒙地漆园吏，著有《庄子》。

问：气体之欲，男女为患最大，自古未闻有防制善法。曰：其源则两仪生于太极[1]，所谓一阴一阳之谓道也[2]。其制度则易姓而婚、及时嫁娶[3]，即所谓王道本乎人情也[4]。其风俗厚薄，则视国家德化之浅深。人之操修纯驳[5]，若多设防制，律例繁滋，适以长伪非已乱也。管子曰[6]："礼义廉耻，国之四维[7]。"四维不张，国乃灭亡。古来亡国之君，酿女祸者固不胜数，久之必拨乱反正，以礼义廉耻根于人心而不灭也。孔子言"道德齐礼[8]，有耻且格[9]，不恃刑政为治。"即是此意。

问：万类皆为天地所生，而群类相啖[10]，弱肉强食，人更日肆屠宰，岂不伤天地好生之德？似佛氏戒杀，于理亦是。曰：论受命之原，则万物与我同生于父母、天地之中；论治世之道，则不能不重人而贱畜。上世茹毛饮血[11]，后世改为烹饪。而祭祀、宾客、养老、尊贤，著在典礼[12]，抑何可废？先王弋猎有时[13]，取用有节，逾侈有禁[14]，胎卵不杀，即是敬天礼民之意。舜使益焚山泽而不为虐[15]；天竺崇佛而不世其国[16]；梁武帝以面代牺牲[17]，于国事何补？君子务其大者、远者。小道致远恐泥[18]，不必拘此节末也[19]。虽然，人之存心厚薄，于此可见一端。每见人纵口腹之欲，暴殄天物[20]，或迷于求子养生之术，日杀生不已[21]，皆遭孽祸。

问：天下之病在争，禽兽与禽兽争，人与人争，国与国争，此天性耶？曰：羞恶是非之心，本天性也。因为气体所拘，遂起偏私[22]；偏私起，遂生隔阂；隔阂甚，则好为恶不公而争端起矣。禽兽不足论，人无论贤愚，为胜之弊多不能免，非重加克治不可[23]。如谢上蔡首重去一个“矜”字[24]，受业程门，半年后方得《大学》《西铭》[25]，看程子之言曰：学者大其心，即能体天下之物。物有未体，则心为有外世之人之心，止于见闻之狭。圣人尽性[26]，不以见闻梏其心[27]，其视天下无一物非我。孟子谓尽心则知性、知天[28]，以此天大无外，故有外之心，不足以合天心云云[29]。此即源头功夫。如颜子犯而不校[30]；孟子遇横逆三自反[31]，皆此意也。太王避狄汤事葛伯[32]，非谓力不足与争，乃心不欲与争也。凡事至出于争，最为下策。问：战可废乎？曰：战自不可废，须有不战而胜之事功在[33]。问：不得已而战，将如之何？曰：孟浪乘气用事必败[34]，是助敌也。

注释

[1] 两仪：天地。 太极：原始的混沌之气。古人想象中的世界开辟前的状态。

[2] 阴：我国古代哲学家认为贯通于一切事物的两个对立面之一。与“阳”相对。 阳：我国古代哲学家认为

与“阴”相对的、贯通于一切事物的两个对立面之一。阴阳的最初意义是指日光的向背，向日为阳，背日为阴。后用这个概念来解释自然界一切两种互相对立和相互消长的正反两方面的物质势力。 道：此指宇宙万物的本源、本体。

[3] 制度：此指模式，样式。

[4] 王道：儒家所主张的以仁义治天下的治世思想。与“霸道”相对。

[5] 操修：道德修养。

[6] 管子：即管仲（？—前645）。又名管敬仲。春秋初期思想家。颍上（颍水之滨）人。由鲍叔牙推荐，被齐恒公任命为卿。他在齐实行改革，使齐国力大振，成为春秋时第一个霸主。著作有《管子》八十六篇。下文大意出自《管子·牧民》。

[7] 四维：（治国的）四纲。

[8] 道德齐礼：即“道之以德，齐之以礼”的缩语。出自《论语·为政》。齐，齐整，整治。此句的大意是，君上必以道德教化人民，或有未化之民则制礼以齐整之，使民知有礼。

[9] 有耻且格：语出《论语·为政》。格，法式，标准，规格。此句的大意是，民知有愧耻而不犯礼，并且能自我修养，规范自己的行为。

[10] 啖（dàn）：吃。

[11] 上世：此指上古之世。 茹毛饮血：指上古时代人们还不知熟食而生食禽兽。

[12] 著（zhù）：表现。 典礼：制度和礼仪。

[13] 弋（yì）猎：射猎，狩猎。 有时：此指按照一定的时间或季节。

[14] 逾侈：过分奢侈。

[15] 舜：传说中父系社会后期部落联盟领袖。姚姓，有虞氏，名重华，史称虞舜。相传尧去世后继位并选拔治水有功的禹为继承人。　益：即“伯益”“翳”“大费”。相传善于畜牧和狩猎，被舜所任用。后被禹所重用，并被选为禹的继承人。禹去世后，禹之子启继位，益被启所杀。一说由于益的推让。启才继位。

[16] 天竺（zhú）：古印度的别称。是有五千余年历史的古国。十六世纪起，葡、法、英等国相继侵入，1849 年被英国殖民主义者占领全境。居民百分之八十以上信奉印度教，其教义是婆罗门教吸收佛教和耆那教教义改革而成的，崇尚善恶有因果，人生有轮回之说。世：继承。此指被殖民主义者灭亡。

[17] 梁武帝（464—549）：即萧衍。南朝梁的建立者。公元 502—549 年在位。字叔达。南兰陵（今江苏省常州市西北）人。曾任齐雍州刺史，镇守襄阳。乘齐内乱，起兵夺取帝位。利用佛教麻醉人民，大建寺院，并三次舍身同泰寺。长于文学、精音律、善书法。后人辑有《梁武帝御制集》。　以面代牺牲：牺牲，此泛指供祭祀用的动物。以面代牺牲，用面粉制成动物的样子，代替牺牲，以避免杀生。

[18] 小道致远恐泥（nì）：小道，指异端之说，与大道正典相对；致远，经久长远；恐泥，恐怕泥难不通，阻滞不通。此句本出《论语·子张》。原文是：“子夏曰：‘虽小道，必有可观者焉，致远恐泥，是以君子不为也。’”大意是说，作为异端的百家之说也必然有小道理在，以说动人心；可是从长远看，恐怕就会阻滞不通难以长久了。因此，君子是不学它的。

[19] 拘：拘泥。 节末：末节，非本质的东西。此指杀生这件事。

[20] 暴殄（tiān）天物：残害灭绝天生之物。

[21] 日：此指每日。 已：停止。

[22] 偏私：袒护的私情，不公正。

[23] 克治：克制私欲邪念。

[24] 谢上蔡：即谢良佐。字显道。宋代上蔡（今河南省上蔡县西南）人。从程颢受学，后卒业于程颐。与游酢、吕大临、杨时在程门被称为“四先生”。与程颐分别一年，颐问他有什么进步，他回答“但去得一‘矜’字”，程颐叹其善学。卒谥“文肃”。世称“上蔡先生”，有《论语说》《上蔡语录》等。

[25] 《西铭》：书名。北宋张载著。原为《正蒙，乾称篇》的一部分。文中提出“民胞物与”（“民吾同胞，物吾与也”。主张博爱并扩大到世间万物）的伦理学说。把整个宇宙看作一个大家族，说明个人的道德义务，宣传乐天顺命的思想。

[26] 尽性：儒家用语。儒家认为，人物之性都包含着“天理”；只有至诚的人才能尽量发挥自己和别人的本性，进而发挥万物的本性。

[27] 捁（jiǎo）：同“搅”。扰乱，打扰。

[28] 尽心：竭尽心力。

[29] 合：符合。 天心：本性，本心。 云云：句尾词。如此如此。

[30] 颜子：此指颜渊（前521—前490）。名回，字子渊。春秋末期鲁国人。孔子学生。早卒。后被封建统治者尊为“复圣”。 犯而不校（jiào）：语出《论语·泰伯》。犯，侵犯；校，计较。犯而不校，别人冒犯、

侵犯了我，我也不与他计较。

[31] 遇横（héng）逆三自反：语出《孟子·离娄下》。横逆，强暴不顺理。遇横逆三自反，遇到有人以横逆的态度对待我，一定要自我反省（他为什么这样对待我）。

[32] 太王：即周太王，古公亶父。古代周族领袖。周文王的祖父。相传为后稷第十二代孙。因戎、狄族的威逼，由豳（今陕西省彬县东北）迁到岐山下的周（今陕西省岐山北），建城郭家室，改革戎狄风俗，开荒生产，使周族逐渐强盛。　葛伯：即葛伯氏。古部落名。

[33] 事功：功绩，功业。

[34] 孟浪：鲁莽，冒昧。　乘气：凭借某种感情。

问：今世人情险薄，皆狭诈挟力以凌我[1]，将忍之乎？曰：固宜忍。亦知彼所以挟诈力凌我者，其弊何在？《易》曰：“慢藏诲盗，冶容诲淫[2]。”又曰：“履霜坚冰至[3]。”臣弑其君，子弑其父，非一朝一夕之故。是以君子贵自修也。

问：君子亦有求胜之道乎？曰：有。《中庸》曰：“知耻近乎勇[4]。”孟子述颜子言曰[5]：“舜何人？予何人？有为者，亦若是。”子路贤而好勇[6]，乃人告之以有过则喜。此等求胜之心，争在己而不在人，何患之有？若世人争名争利，损人益己，侈然自大[7]，乃是循私纵欲、贾祸之媒也[8]。须消除净尽，不可丝毫沾染。

天地至诚无妄，尔辈多于“诚”字悟不透。试问，百草开花结果，有假者否？禽兽虫鱼任天而动[9]，有作伪者否？昼夜寒暑，春生秋敛，有不自然成序否？《中庸》曰：“天地之道，可一言尽也。其为物不二，则其生物不测[10]。”不二即诚，诚自不息。故生物不可思议。人为天生万物中最灵之物，乃一受此身遂忘天地本性，私欲日炽，作孽愈重，天岂能容？乃是自取殄灭。

问：孙子言[11]："兵者，诡道也。""诚"与"诡"岂不相反？曰：苟诚于忠君爱国，其行军也，必临事而惧[12]。好谋而成其所谋者，千奇百变何可殚述[13]？不必问其诡与不诡，只问其诚与不诚耳。宋襄之义[14]，尾生之信[15]，徐偃之仁[16]，概不得谓之诚。孔子瞯亡而拜阳货[17]，不见孺悲而辞以疾[18]，不得谓之不诚。诚者，行其理之所当然耳。故《大学》言诚正，必先致知格物[19]。尔辈切勿误会。

问：乾健不息，万古如斯。究竟钧轴有时坏否[20]？曰：邵子《皇极经世》有此说[21]；近日西人亦推验及此。盖以有形之物，无不有坏时，泛论其理可也。至其远近之期，未敢深信。地气呼吸能生万物，虽风雷雨露生于地，而必得日光照临，而始有成大地一星球也。地之上下、四面尚有无数星球，皆赖日光环照始发生气。据天文家测验：日去地九千二百八十九万七千英里[22]，则是上下四面皆九千二百八十九万七千英里。每英里合中国三里，而目所未及者，尚不知星球若干。佛经所言大千小千世界[23]，更不可偻数[24]。假如地轴有坏时，试问，上下四面星球同时坏否？太阳彼时作何运动？此如虮虱料人寿长短。佛书中言，安能尽信？君子付之不论不议可也。

注释

[1] 挟（xié）：倚仗。

[2] "慢藏"二句：出自《周易·系辞下》。意思是说，轻忽于收藏财物就是引人为盗；妖冶其容貌姿致就是引人淫荡。

[3] 履霜坚冰：语出《周易·坤》。比喻事态逐渐发展，将有严重后果。

[4] 知耻近乎勇：知耻，有羞恶之心。这句的大意是，知

道羞耻，勤行善事不避危难，则是近乎勇敢的。

[5] “孟子述颜子”四句：述，此指转述；颜子，颜渊。下边三句引文出自《孟子·滕文公上》。大意是说，我们和舜都是一样的人，只要有所作为，就会成为舜那样的人。

[6] 子路（前542—前480）：仲氏，名由，亦字季路。春秋时鲁国卞（今山东省泗水）人。孔子学生。性格直爽、勇敢。

[7] 侈然：骄纵、自大的样子。

[8] 贾（gǔ）祸：自招祸患。

[9] 任天：任从天命。

[10] “天地之道”四句：出自《礼记·中庸》。这是承上文对“诚”的论述，其大意是，圣人的德能与天地之道相同，可以用一句话来说尽事理，即“至诚”。圣人以至诚对待万物专一不二，所以化生出的万物多得不可测量。

[11] 孙子：此指孙武。字长卿。齐国人。春秋时兵家。曾以《兵法》十三篇见吴王阖闾，被任为将，率吴军攻破楚国。所著《孙子兵法》为中国最早、最杰出的兵书。

[12] 临事而惧：遇事谨慎戒惧。

[13] 殚：尽。

[14] 宋襄：即宋襄公（？—前637）。春秋时宋国国君。名兹父。公元前650—前637年在位。宋襄公十三年（公元前638年）伐郑，与救郑的楚军战于泓水（今河南省柘城西北）。强大的楚军正在渡河，宋将目夷主张乘机出击，宋襄公却拒绝说：“君子不乘人之危。”直到楚军渡完河并排好阵势才开战，结果宋军

大败，宋襄公也受了重伤。

[15] 尾生：古代传说中坚守信约的人。《庄子·盗跖》载："尾生与女子期（相约）于梁下（桥下），女子不来，水至不去，抱梁柱而死。"

[16] 徐偃：即徐偃王。西周或春秋时徐戎的首领，统辖今淮、泗一带。向他朝贡的有三十六国。周王遣使至楚，令楚伐之，徐偃王爱民不与之斗，遂为楚国所败。

[17] 瞯（jiàn）：窥视。　阳货：即阳虎。春秋时鲁国人。本为季孙氏家臣，挟持季桓子，据有阳关（今山东省泰安南），掌握国政，权势很大。孔子说他是"陪臣执国命"。阳货想叫孔子去见他，孔子不去，他便送给孔子一头蒸熟了的小猪，以达到让孔子回拜他的目的。孔子既不想见他又不愿失礼，就在探听到他不在家时去回拜他（即原文中所说孔子瞯亡向拜阳货）。

[18] 不见孺悲而辞以疾：孺悲，鲁国人，鲁哀公曾派他向孔子学习士丧礼。本句意为，（按照当时的礼节，年轻人初次见年长位尊的人一定要有介绍人，而孺悲见孔子时没有介绍人，）所以孔子以生病为理由，推辞不见孺悲。

[19] 致知格物：古代的认识论命题。《礼记·大学》中的原文是"致知在格物，物格而后致知"。宋以后的儒者的解释颇多分歧。程朱学派的解释是，接触事物（格物）是获得知识（致知）的方法。

[20] 钧轴：本指制陶所用的转轮之轴。此指古人想象中地球转动赖以存在的地轴。

[21] 邵子：即邵雍（1011—1077）。北宋哲学家。字尧夫。祖籍范阳。幼随其父迁居共城（今河南省辉县）。居

洛阳时，与司马光、吕公著过从甚密。根据《易传》关于八卦形成的解释，掺杂道教思想，虚构了一个宇宙构造图式和学说体系，成为他的象数之学（也叫“先天学”）。认为宇宙的本源是“太极”，即“道”“心”。太极永恒不变，而天地万物皆有消长、有始终，按照他的“先天图”循环变化。著作有《皇极经世》《尹川击壤集》等。　《皇极经世》：北宋邵雍著，十二卷。一至六卷以《周易》六十四卦说明世界治乱；七至十卷讲“律吕声音”，称为内篇；十一、十二卷由其弟子记述，称为《观物外篇》。全书借“易卦”论天地万物生成于先天图式。

[22] 日：指太阳。　去：距离。　地：指地球。

[23] 大千小千世界：即大千世界和小千世界。大千世界为“三千大千世界”的省语。佛教名词。以须弥山（古印度传说中的山名。被认为是人们所住世界的中心，日月环绕此山回旋出没，三界诸天也依之层层建立）为中心，七山八海交绕之，更以铁围山（佛教认为的四大部洲——东胜身、西牛货、南赡部、北俱声——之外，周匝如轮的山）为外郭，是谓一小世界；合一千个小世界为小千世界；合一千个小千世界为中千世界；合一千个中千世界为大千世界，总称为三千大千世界。

[24] 偻数（lǚ shǔ）：屈指一一而数。

问：各星球有生气否[1]？曰：吾人所闻所见，安得有死物？人之死也，即其所以生之道也。四时所以运行不穷也[2]。予幼时晤一西友言[3]：“日月星宿中，当有生气，有人物。”予曰：“固然。其人物之性，必与地球同。”西友问：“何以知之？”予曰：

“太阳热光为众生托命[4]，同此生即同此性。”西友言：“彼人形象未必与地球各国相同，其种性亦必不同。”予曰：“君臣，父子，爱生，恶死，当无二也。”孔子曰，“一阴一阳之谓道[5]”；宋儒谓道外无物，物外无道[6]，即此意也。

问：天道至诚不息[7]，从何见之？曰：天地生机无一息停顿[8]，人畜身内之气，草木之质与空中流行之气，息息相关[9]。即虮虱之微，其气亦伸缩动荡不已。世人少者以为未老，老者以为未衰，因循一世[10]。殊不知，暗中光阴已错过去[11]。今年非去年，今日非昨日，一呼一吸，一息也。已过之一息，不能挽作将来之一息[12]。《易》曰：“天行健，君子以自强不息[13]。”人处大化之中[14]，颓然自放[15]，行尸走肉[16]，岂不为天地间一弃物？惜寸惜分[17]，即法天也[18]。孔子在川上曰：“逝者如斯，不舍昼夜。”佛问沙门[19]：“人命在几间？”或对数日间，或对饭食间。佛言：“皆不知道。”一对：“在呼吸间。”佛言：“子知道矣。”盖人命本在呼吸之间，呼吸一停即死。天生人物[20]，各有呼吸，随时皆可死。人能体贴到此[21]，则人欲念消[22]，天理念起[23]，自有真正功行[24]，不以贫富、贵贱、生死、毁誉撄其心矣[25]。

注释

[1] 生气：生命。

[2] 四时：指春、夏、秋、冬四季。

[3] 晤：会面。　西友：西方国家的朋友。

[4] 托命：寄托生命。此指生命赖以存在的条件。

[5] 一阴一阳之谓道：语出《易·系辞上》。大意是，宇宙间的一切现象变化，无不是相互对应的阴与阳的作用。

[6] 道外无物，物外无道：语出二程《遗书·五》，原文

是："道之外无物，物之外无道。是天地之间，无适而非道也。"意为物必有则。

[7] 息：停止。

[8] 息：此作气息、呼吸解。形容极短的时间。

[9] 息息相关：息息相通，呼吸相通。这里比喻关系极为密切。

[10] 因循：疏懒，疲沓。

[11] 错过去：错，过，过去。错过去，过去。

[12] 挽：扭转。引申为转换。

[13] "天行健"二句：出自《易·乾》。大意是，天体运行，刚健有力；君子应当像天体的运行一样自强不息。

[14] 大化：指自然界的变化。

[15] 自放：自我放纵。

[16] 行尸走肉：比喻庸碌无为，只具形骸而缺乏生活意义的人。

[17] 惜寸惜分：此指珍惜点点滴滴的时间。

[18] 法：效法。

[19] 沙门：僧徒。

[20] 人物：人与物。

[21] 体贴：细心体会。

[22] 人欲：人的欲望和嗜好。

[23] 天理：此指宋代理学家所理解的"仁、义、礼、智"等纲常伦理。

[24] 功行：功绩与德行。

[25] 撄（yīng）：扰乱。

问：聪明正直为神[1]，则凡仁人志士，生而不背于天道者，死皆有以护存而不灭耶[2]？曰：岂能久不灭？

问：明太祖欲移卞忠贞墓[3]，而忠贞夫人示梦，谓我忠臣之妇、孝子之母，明太祖惧不敢移。又，王阳明梦郭景纯言王导之奸[4]，且示诗一章。东晋距明初千年，其灵魂竟未灭耶？曰：此事确否难知。大约人之魂灵，有旦夕灭者，有逾百数十年而灭者。世言，忠贞冤死之魂，有逾千年不灭者，或亦有之。凡奸险小人，必无不速灭之理。试观，古来势焰熏天之奸臣贼子[5]，曾见有死而显灵者否？佛氏、畜生、饿鬼之说，即有其事，亦非不灭之谓。总之，大炉锤中容不得一毫渣滓、一毫污浊[6]。尔辈读书，不要将圣贤视作云霄上人。假如今有圣贤与尔相处，亦是寻常人一般，不过言语举动，和平妥当而已。今有人一，日在父母前承欢，兄弟前尽爱，待朋友有礼，饮食有节，起居有度，不著贪念妄想，即合中庸之道。[7]。所谓夫妇之愚[8]，可以与知是也[9]。有道之士恰遇机缘[10]，做出旋乾转坤绝大事业[11]，亦是尽其分所当然[12]，理应如是，非于性分外有所增加[13]。舜禹有天下而不与焉[14]。禹之行水[15]，行所无事是也[16]，其真伪辨别，在公私之间。张南轩曰[17]："有所为而为者，私也；无所为而为者，公也。"王阳明曰："志功名者[18]，富贵不足以累其心；志道德者，功名不足以累其心。"盖有为功为利之心，即失天道[19]。孩提敬爱父兄，父母保其赤子，何尝别有所为？人能如此存心，遇贫贱患难，皆无人不自得矣。此谓尽性至命[20]，此谓易简之道[21]。

注释

［1］ 神：宗教及神话中所幻想的主宰物质世界的、超自然的、具有人格和意识的存在。又称"神灵""神道"。

［2］ 护存：保护使之存留。

［3］ 明太祖（1328—1398）：即朱元璋。幼名重八，又名

兴宗，字国瑞。明代的建立者。公元1368—1398年在位。濠州钟离（今安徽凤阳东）人。1368年建都南京，国号明，年号洪武。同年攻克大都（今北京），推翻元朝统治，以后逐步统一中国。　卞忠贞：即卞壸。字望之。晋代冤句县（今山东省曹县西北）人。晋明帝时官至尚书令。成帝时与庾亮同辅政。苏峻反，以尚书令领军将军督战，兵败，战死。谥“忠贞”。

[4] 郭景纯：即郭璞（276—324）。东晋文学家、训诂学家。河东闻喜（今属山西省）人。博学，好古文奇字，又喜阴阳卜筮之术。有著作多种。明人辑有《郭弘农集》。　王导（276—339）：字茂弘。东晋大臣。琅琊临沂（今属山东省）人。太兴元年（公元318年）司马睿（元帝）称帝，任丞相，历仕元、明、成三帝。对稳定东晋在南方的统治作出了贡献。

[5] 势焰熏天：势力和气焰极为旺盛的样子。多用于贬义。

[6] 大炉锤：即“大炉”。此指天地。

[7] 中庸之道：指处理事情不偏不倚、无过无不及的态度，是儒家的一种伦理思想，并被认为是一种最高的道德标准和处理事物的基本原则和方法。

[8] 夫妇：在此犹言“匹夫匹妇”，指平民男女。

[9] 与知：与闻。参与其事并得知内情。

[10] 机缘：本为佛教语，谓众生信受佛法的根机和因缘。此泛指一般的机遇与缘分。

[11] 旋乾（qián）转（zhuǎn）坤：改天换地。指从根本上扭转局面。

[12] 尽其分（fèn）：竭尽其本分之内的职责。

[13] 性分（fèn）：天性，本性。

[14] 舜禹有天下而不与焉：语出《论语·泰伯》。大意是，舜禹之有天下，是因功德而受禅，不与求而得天下，所以其德巍然高大。

[15] 禹：即大禹、夏禹。传说中的古代部落联盟领袖。鲧之子。奉舜命治理洪水。后以治水有功，成为舜的继承人。 行水：使水流通。指治理洪水。

[16] 行：做，办。 无事：此指无为。即儒家的“无为而治”，儒家主张“德治”，“圣人德盛而民化，不待其有所作为也”；这和道家主张的、从“道”出发的“无为而治”不同。

[17] 张南轩：即张栻（1133——1180）。南宋学者。字敬夫，又字乐斋，号南轩。汉州绵竹（今属四川省）人。官至右文殿修撰。和朱熹、吕祖谦齐名，时称“东南三贤”。著有《南轩集》。

[18] 志：立志。

[19] 天道：天理，天意。

[20] 尽性：儒家用语。儒家认为，人物之性都包含着“天理”；只有至诚的人，才能充分发挥自己和他人的本性，进而发挥万物的本性。这称之为尽性。

[21] 易简：平易简约。

问：自古正人志士，气概甚高，往往才略有不济事者。如用兵或遭败衄[1]，取士或不尽纯良，治国或迂阔而鲜近效[2]。以故人主疑之[3]，谗奸间之[4]，鲜有以功名终者。其诚不足耶？学问未至耶？曰：正人是天地正气[5]，即是国家元气[6]。日计不足，月计有余[7]。未有有道德而无才智者。惟其力量大小、天资高低各有不同。所以，君子贵学道，以增其识力；若全无才智，何足以言道德？今人每以敦笃谨愿无才者推为道德之士；或以小人有才，以为知士而倚用之[8]，皆不知事理，未尝学问者也[9]。小人不足论，君子学道者必从事格物致知，才智必出其中。自诚而明，此境不易几及[10]；自明而诚，功夫原可渐进。朱子谓："去人欲之私，救气体之偏[11]。"《大学补传》解格致，谓宜因心之知[12]，穷天下之理，即谓此也。如果清明在躬[13]，志气如神，至诚之道，尚可前知；事物之来，自然泛应曲当[14]。尔等读书，默审天地盈虚感应之理[15]，栽培倾覆之机[16]，安有得乎天而为人事所败者？《中庸》曰："为政在人，取人以身[17]。"孟子曰："周于利者，凶年不能杀；周于德者，邪世不能乱[18]。"可以悟矣。

注释

［1］ 败衄（nǜ）：战败。

［2］ 迂阔：不切实情。

［3］ 以故：因此，所以。　人主：人君。

［4］ 谗奸：谗邪奸佞之人。　间（jiàn）：离间，挑拨。

［5］ 正气：刚正之气。

［6］ 元气：此指国家得以生存发展的物质力量和精神力量。

［7］ 日计不足，月计有余：日计，每天的收入和支出；月计，每月的收入和支出。此二句意为，从短时间看收不抵支，但从长时期看则有余。

［8］ 倚用：依赖信用。

［9］ 学问：此指学习和询问。

［10］ 几及：达到。

［11］ 救：纠正。

［12］ 因：凭借。

[13] 清明：此指神志、思虑清晰明朗。 躬：身体。

[14] 泛应（yìng）曲当（qū dàng）：广泛适应，无不恰当。

[15] 盈虚：满与空。指发展变化。 感应：互相感动影响。

[16] 栽培：种植培养。 倾覆：颠覆，覆没。 机：事物变化的迹象、征兆。

[17] “为政”二句：语出《礼记·中庸》。大意是，处理政务在于得贤人；要得贤人先要修养好自身的品德。

[18] “周于”四句：语出《孟子·尽心下》。这四句的大意是，有充足的物质准备，凶荒之年也不会冻饿而死；自己有高尚的操守，身处奸邪之世也不能乱其心志。

问：西人测空气中有轻气、养气、炭气[1]，近用无线电，有谓迤达气者[2]，不为风雨所阻，此皆为人所用，安足以尽天道？曰：有西教士某，极有智慧，谓予曰：凡气为人所用者，必有用气之主人，现未推测出来云云。予曰：今时推测天文精矣，究竟眼力已到者，只知其当然，不知其所以然。其眼力不到者，更不知其纪极[3]。庄子曰：[4]人之所知不及其所不知，且不必论象数[5]，但求其理可耳。理即主人也。

问：人物受气以生[6]，无气则死。山川土石亦有气耶？曰：山川无气则草木不生，水亦不流，人皆死矣。譬之草木生于土，人之所食所用皆出于土。土所以蕴气而屈伸万物者[7]，即腐朽变神奇[8]，神奇变腐朽，乃造化之源，栽培倾覆之所由行也[9]。

问曰：道家断嗜欲、绝荤腥，苟成其念[10]，将如顽石，块然而常存耶[11]？曰：石亦有气。常见有先断后联者，有先剥削后滋长者[12]。若无气，石亦不能久存。道家修诣在断人事、保元气[13]。有人言，如殖泥之炼瓦甓[14]，菜果之曝干而护藏者[15]，可稍持久。又道藏书言[16]，功德满时，可从前一世界传至后一世界，略如大石中包小石在内，以无知识乃能久存[17]。此虽讥谐语[18]，不足致辨[19]。惟人为造化所生，安能修到无知无识地步？果尔，则乾道无变化之权矣[20]。纵然修成，何补于天地？何补于身？大凡求长生不死者，皆是大贪痴人[21]。能抱住长生不死之理，不使斫丧[22]，虽死亦不谓之死矣。

注释

[1] 轻气：即氢气。 养气：即氧气。 炭气：此指二氧化碳气。

[2] 迤达气：疑指无线电电波。

[3] 纪极：终极，极限。

[4] 庄子（约前369—前286）：战国时哲学家。名周。宋国蒙（今河南省商丘县东北）人。他继承和发展了老子“道法自然”的观点，强调事物的自生自灭，否认有神的主宰。著作有《庄子》。

[5] 象数：龟筮。占卜以知凶吉。

[6] 受：接受，承受。

[7] 屈伸：屈曲与伸舒。此引申为使……抑制或发展。

[8] 神奇：神妙奇特。此指事物变化莫测。

[9] 所由行：所必然经历的道路。

[10] 念：念头，想法。

[11] 块然：孤独的样子。

[12] 剥削：切割刮削。

[13] 修诣：进行修行所要达到的目标。 断：断绝。 元气：此指人的精神、精气。

[14] 殖泥：脂膏腐败而成的泥土。 瓦甓（pì）：砖瓦。

[15] 护藏：保藏。

[16] 道藏（zàng）书：本指道教经典的总集，此泛指道教经典。

[17] 无知识：即无知无识，没有知觉与认识能力。

[18] 讥谐：讥讽戏谑。

[19] 致辨：辨，通“辩”。争论。致辨，进行辩论。

[20] 权：变通，机变。

[21] 贪痴：贪，求得无厌；痴，极度迷恋。贪痴，贪恋入迷。

[22] 斫（zhuó）丧：摧残，伤害。

或谓：朱子言：释氏言“人死而为鬼，鬼复为人，天地间常是许多来来去去，更不由他造化生生[1]。”必无是理。程子言：“人有死而转世者。”语意相反，何也？曰：皆是也。人死为鬼，久之，鬼仍归于大化[2]。其复生也，又从大化出来。佛氏求入无生[3]，自言历若千劫[4]，仍堕生人世，再修再证[5]，亦以乾道变化，逃不过大化以外。程子言，人有死而复生者，如书史中言，人初死时魂灵未灭[6]，或示人以梦，言转生某家[7]；或孩提时言其前生事，皆其初生时，前世神识未断[8]，迨后身体渐长，自然消灭净尽。譬如草木逢春发芽，有从平地生者[9]，有种子而生者，有傍根而生者，其生机皆是从大化中出来，不能以旧种又作新芽。即如化生之类[10]，蚕变蛾，必蚕垂死，而后变蛾。其将死未死、将变未变之际，能得几时？若人必保其魂灵世世转生，试问，熙和盛世[11]，生齿日增[12]，先有如许鬼魂而守待耶[13]？乱离衰世，生齿凋丧，鬼魂岂不愈积愈多，作何安顿？朱子言必无是理，诚必其无是理也。佛氏执着一己性灵演为因果之论[14]，已失乾道变化之旨；而世人从躯壳上生意见[15]，更固执不化。不知此躯壳乃日呼吸天地之生气而生，亦以不能呼吸天地之生气而死。躯壳虽有生死，而天地所以生此躯壳之生气，固无一日不在也。

或曰：普人转世为福人，岂非一气相因[16]？不知此乃造化自然感应之机，如松脂化伏苓[17]，腐草为萤之类。人生气有清浊，死后气散入于大化生机之中，亦有清浊之感，非有典守者[18]，一一注籍而各施以赏罚也[19]。轻清上腾，重浊下降，因才而笃[20]，阴阳一理。智者默观元化[21]，静察万汇[22]，自当悟矣。

注释

[1] 生生：孳生不绝，繁衍不已。

[2] 大化：此指自然变化。

[3] 无生：佛教语。即无生灭，无生无灭。

[4] 劫：佛教名词。古印度传说世界经历若干万年毁灭一次，重新再开始，这样一个周期叫做一“劫”。

[5] 修：此特指修行，指学佛或学道，行善积德。 证：佛教语。参悟，修行得道。

[6] 魂灵：即灵魂。此特指精神或心意。

[7] 转（zhuǎn）：转移。

[8] 神识：精神意识。

[9] 平地：此意为平白无故。

[10] 化生：古人认为某些昆虫是由他类变化而生成的，这种情况叫化生。此指化生之昆虫。

[11] 熙和：清明和乐，兴盛和乐。

[12] 生齿：此指人口。

[13] 如许：如此，这样（多）。 守待：等待。

[14] 执着：同“执著”。原为佛教语。指对某一事物坚持不放，不能超脱。此用以泛指固执或拘泥。 一己：自己一身，自己一派。 性灵：内心世界。泛指精神、思想、感情等。

[15] 意见：见解，识见。

[16] 因：沿袭。

[17] 伏苓：即“茯苓”。菌类植物，寄生于山林松根，状如球块。古人有“食之不死”“可驻童颜”之说。中医可以入药。

[18] 典守：主管。

[19] 注籍：此指登录在册、加以管理。

[20] 笃：允当（处理）。

[21] 元化：天地。

[22] 万汇：万物，万类。

问：伏羲八卦[1]，吉凶著象[2]；《洪范》五行[3]。休咎有征。圣人历重卜筮，史官亦觇云物[4]。似术数之学[5]，亦可以验天道[6]？曰：凡遇大事，有可以东可以西者，不得不迟回审慎[7]，所谓卜以决疑也。量度后事[8]，悠渺无凭，偶藉蓍龟叩问机兆[9]，所谓神以知来也。要皆从人事上决之，事理明则行止自定。感应有由，卜可也不卜亦可也。若不明事理，徒向龟卜乞福，假如行军之日，将惰、兵骄、器朽、粮匮，而占得贞吉[10]，其能利有攸往耶[11]？《易》主象数，仍主事理，且示人以悔吝趋避之机[12]，故《说卦》有“穷理尽性以至于命”之语[13]。程子注《易》论理[14]，邵子论数[15]，数由理转，其实一也。至《洪范》休咎之说，其理不枉。后世史官沿例作《五行志》[16]，有人嗤为荒诞之词，因其说得太拘、太琐，遂成怪异稗说[17]。大凡人怀不平之心，其气之感于造物者亦不和。顺人身之气，即天地之气也，中和所以成位育之功[18]，戾气所以有致殃之异。至诚之道，可以前知，此不可诬也。谶纬之学本属渺茫[19]，历代皆属禁例。瞻云望气，理固可征，精者实寡；风角禽遁[20]，亦如卜筮。近世所传诸葛武侯、刘青田诸术[21]，皆是伪托。若星象占验，尤不可信。近来，天文家测月距地最近尚有二十三万八千八百四十英里，合华里七十一万六千五百二十里，其星辰更有远于月者，纷不可纪。而地球热度只上至二百里而止，彼此悬远，了不相干，何与人间事耶[22]？凡书中言星暗日赤、日月无光等事，皆地上蒙气为之[23]，与日月星辰本体无涉。亦若风雨露雷，只在地球上运动，中国旧籍指某星主某事，如狼星主贼、光宜暗[24]，矢星主官兵、光宜明之类，本系任意立一名字，臆断吉凶。前贤皆明此理，绝不为惑。晋人自命为处士者[25]，望少微星待死，时适有他死者当之，遂以为验。其余如客星入帝座[26]，五百里德星聚之[27]，类皆附会偶合。中国三代以前无此说[28]，环瀛各国亦无此说也[29]。余十余岁时，借得槖姓老儒占候书一册[30]，穷数日功录毕，将俟天暖登高测之。后问冯姓友人曰：书中言，仓星、库星黄而明则年丰，屎星赤而暗则民有疾，又斗内之星宜多[31]，斗外之星不宜多。此类语似浅陋，果可信耶？冯友曰：尔但推算轨度可也[32]，占验乃惑世之书也。余遂不复寓目[33]。嗣读书稍多，见所谓挥戈挽日[34]，大星落军及人殁为星[35]，星降为人等说，皆烘托附会之词[36]。汉宰相遇日食辄自杀，亦因时无善推验者。唐以后，历算始精。明初，用西洋人官钦天监[37]，历算更精至。国朝正历授时[38]，益觉推测无余，从未闻重视占验之学。惟是人事感应之机，天气下降、地气上腾之理，固在闻见之中。《易》曰：“方以类聚，物以群分，吉凶生矣。在天成象，在地成形，变化见矣[39]。”所贵君子先在“类聚群分”中验吉凶，勿徒在“天象地形”上观变化，则庶几得其要矣。尔辈年轻学浅，骤语天道茫然，不知但心中能时抱得一“仁”字、一“理”字，即有向上路径。孟子曰：“仁，人心也[40]。”即天道也。仁贯礼智信[41]，犹元贯亨利贞、春贯夏秋冬[42]，无非一团生气。程子譬之谷种，譬之桃仁、杏仁；释家言一粒粟中藏世界，皆谓生机之动，可以充满世界。若自坏其心术，则如谷种朽蠹[43]，自绝天机矣。“理”字勿作晋人“元理”解[44]，可作“条理”之“理”解。萧何见善治丧者[45]，即举其人治国。宋儒言，人之才识，譬如以百人付之，能使其食宿有所、起居有度，即是条理。皆此意也。非特人也，天之昼夜寒暑，万物之生老病死，鬼神之祸福感应，皆有一定条理。不杂不混，不疾不徐，自到成功地步。为人若无一定条理，贪多躐等[46]，暴弃自甘[47]，必无成矣。

注释

［1］伏羲：古代部落酋长。即太昊。风姓。相传他始画八卦。　八卦：《周易》的八种基本卦形，用“－”（阳）和“－－”（阴）符号组成。

［2］著：显出。　象：《易》中用语。《周易》用卦、爻等符号象征自然变化和人事休咎。

［3］《洪范》：《尚书》篇名。洪，大；范，法、规范。《洪范》，旧传为商末箕子向周武王陈述的“天地之大法”。文中提出帝王统治人民的各项原则，分为“九畴”（即九类），认为龟筮可以预卜人事吉凶祸福，国家的治乱兴衰能影响气候的变化，后成为汉代“天人感应”等神学迷信的理论根据。但其中以水、火、木、金、土“五行”来解释自然现象，含有朴素的唯物主义因素。

［4］觇（chān）：看，观察。　云物：日旁云气的颜色。古人凭之观测吉凶水旱。

［5］术数：又称“数术”。术，指方术；数，指气数。术数，古代以种种方术观察自然界可注意的现象，来推测人和国家的命运和气数，如占候、卜筮、星命等。

［6］验：检验，考查。

［7］迟回：迟疑徘徊。

[8] 量度：审查，测定。

[9] 机（jì）兆：吉凶之先兆。

[10] 贞吉：贞，正；吉，吉利。贞吉，正而吉利。

[11] 其：岂。表示反语。 攸（yōu）：所。

[12] 悔吝：灾祸。

[13] 说卦：《周易》篇名。十翼之一。传说为孔子赞《易》所作。 穷理尽性以至于命：此句的大意是，穷究天下一切事物的道理，彻底了解其本性，从而达到一切行为无不符合天道的目的。

[14] 程子：此指程颐。著有《易传》。

[15] 邵子：指邵雍。著有《皇极经世》，借“易卦”推衍建立了他们的象数之学体系。

[16] 《五行志》：此为记载历代灾祥和以五行生克推算命运类图书的泛称。

[17] 稗说：野史或民间传说。

[18] 中和：儒家的伦理思想之一。《礼记·中庸》载：“喜怒哀乐之未发谓之中，发而皆中节谓之和。”认为人的修养能达到中和的境界，就会产生“天地位焉，万物育焉”的效果。 位育：“天地位焉，万物育焉”的缩语。位，使占据应有的位置；育，化育，培育。位育，天地据其应有的位置，繁衍万物。

[19] 谶（chèn）纬：汉代流行的神学迷信。“谶”是巫师或方士制作的一种隐语或预言，作为吉凶的符验或征兆；“纬”指方士化的儒生编集起来附会儒家经典的各种著作。郭沫若指出，谶纬里包含着一些天文、历法和地理的知识与古代的神话传说，但大部分充满着神学迷信的内容。

[20] 风角：一种占候之术。 禽：此指禽星。术数用语。

以五行及各禽与二十八宿相配，以占吉凶。

[21] 诸葛武侯：即诸葛亮（181—234），字孔明，琅琊阳都（今山东省沂南）人。三国时期杰出的政治家、军事家。辅佐刘备建立蜀汉政权，因功拜丞相。刘备死后，辅佐刘禅，主持军国大事。公元234年病死于五丈原军中。著作有《诸葛亮集》。 刘青田：即刘基（1311—1375）。明初大臣。字伯温，浙江青田（今浙江省青田县）人。元末进士。佐朱元璋取得政权，明初任御史中丞兼太史令。封诚意伯。他通天文，后人造作的一些迷信著作，往往假托其名。有《诚意伯文集》。

[22] 与（yù）：相干，关系。

[23] 蒙气：包围地球的大气。

[24] 狼星：星名。史籍有“狼角变色，多盗贼”之说。

[25] 处士：古星名。即少微。在太微之西。

[26] 客星：对天空中新出现的星的统称。 帝座：古星名。属天市垣，即武仙座α星。

[27] 德星：即岁星。古人认为该星主祥瑞。

[28] 三代：此指夏、商、周三个朝代。

[29] 环瀛：此指世界。

[30] 占候：根据天象的变化来预测吉凶。

[31] 斗内：天区名。

[32] 轨度：此指天体运行的轨道和角度。

[33] 寓目；过目，观看。

[34] 挥戈挽日：亦作“挥戈回日”。比喻力挽危局。

[35] 大星：星中大而明者。此喻杰出的人物。

[36] 烘托：通过陪衬，使所要表现的事物鲜明突出。

[37] 官：此指做……官。 钦天监（jiàn）：官署名。掌管

观察天象，推算节气历法。

[38] 国朝：此指清朝。　正历：改定历法。　授时：记录天时以告民。后用以称颁行历书。

[39] “方以类聚”六句：语出《易·系辞上》。大意是，同类聚合，自然形成分离的不同群体，（由于彼此利害、矛盾的关系）产生吉与凶。在天上形成日月星辰、寒暑、昼夜等现象，在地上则形成山河、动植物等形体，从而产生错综复杂的变化。

[40] 仁，人心也：语出《孟子·告子上》。意思是，仁是人心。

[41] 贯：贯穿，贯通。

[42] 元：开始，起端。　《易·乾》：“乾，元亨利贞。”

[43] 朽蠹（dù）：朽腐与虫蚀。

[44] 元理：即玄理。此指魏晋时期的玄学（一种以老庄思想为主的哲学思潮）之理。

[45] 萧何（？—前193）：汉初大臣。沛县（今属江苏省）人。秦末佐刘邦起义，以知人善任著称。对刘邦战胜项羽、建立西汉王朝发挥了重要作用。后封酂侯。

[46] 躐（liè）等：超越等级，不按次序前进。

[47] 暴弃自甘：同“自甘暴弃”。自甘堕落、不求进取。

卷三　崇儒

道家养气，术也[1]，非道也。佛家养性[2]，空诸所有，非人道也[3]。儒者修己治人，人道也，较佛道两家为正。天既生我为人，自应尽其为人之道。欲修其道，舍“敬”莫由。敬者，提撕此心[4]，不使放纵。非谓安行徐言、尸居默坐也[5]。东坡欲打破“敬”字[6]，是东坡大错处，千古纲常之坏，皆从放纵而起。名教中原有乐地[7]，可以处约[8]，可以处乐[9]，可以保身，可以治国。深造之[10]，固受用不尽；浅尝之，亦获益良多。今人聪明者，每遁入佛道两途。殊不知，吾儒已包括无外，但不欲溺情深入，背正而趋邪耳。如孔子从心不逾距[11]，颜子三月不违仁。人心合天[12]，纯一不杂，焉有反堕恶趋之理[13]？且真正学仙学佛者，必见得道理几分。如俗子日日诵经，持素心冀超生，皆是妄想，与伪儒习词章求富贵相去几何？今日又有一种人，创为强国之说，鄙古圣贤为不足道，心醉西法，急趋若骛。夫保存家国，岂非我人应尽之义？要其道在格致修齐之中[14]，无论变法创法、取效于人，皆按人情天理，推阐尽致[15]，步步切实行去，不期富强而自富强，不必专论御侮而自御侮。西国讲富强者，何尝专论器艺，不重纲常[16]；忽于内治专论治外耶？今诸少年恨不得逞其一朝之忿，卤莽行事，乃是自蹈挫衄，助敌生祸。往事覆辙，可为寒心。惟其老于事者，又多迟疑慎重，堕于因循[17]。朱子论南宋时事，当图内治而固国本，然后再议恢复，诚笃论也[18]。若乃挟其浮竞凌猎之气[19]，貌袭西法，左涂右抹，此乃外铄之方、无本之学[20]，安能振起人心，挽回气运？《礼》曰："甘受和，白受采[21]。"人心不诚，无一事可成。今人乃以西学诠格致，且嗤宋儒误解。殊不知，《大学》格致，道也，大纲也；西学格致，器也，条目也。道可赅器[22]，器不可赅道。曾子当日落落数十语焉[23]，能推及声光化电诸艺。试问，声光化电，岂能臻修齐治平之效[24]？人若不知忠君孝亲，老其老，幼其幼[25]，保其身家，则所以精其艺术者何为？今日正学不明[26]，微特圣贤学问无人讲求，即文字亦鲜解悟。甚且诽谤圣贤，轻弃礼法，晦盲否塞[27]，于斯为极，不知何日开明？然天不变，道亦不变。久之，自有正学昌明之日。我家子弟，总以专重儒修为主[28]，不可邪趋旁骛。考求西学，原属因时制宜。圣贤处今日，断无不变法之理，亦断无不间取西法之理[29]。要不可逐末忘本，蔑视圣教。获罪于天，不可逭也。[30]

注释

[1] 术：方法。

[2] 养性：修养身心、涵养天性。

[3] 人道：此指为人之道。包括个人的修养，人在社会生活中应遵循的道德规范，人伦等级关系等。

[4] 提撕：提醒。

[5] 安行：缓行，徐行。　尸居默坐：此指暮气沉沉、无所作为。

[6] 东坡：即苏轼。

[7] 名教：指以定分正名为主要内容的封建礼教。

[8] 处约：生活在穷困之中。

[9] 处乐：生活在欢乐之中。

[10] 深造：不断前进、以达到精深的境地。

[11] 从心不逾矩：即“从心所欲，不逾矩”。语出《论语·为政》。意为，随着自己的心意，想怎样就怎样，也不会超越法度。

[12] 人心：此指人们的意愿、感情等。　合天：合乎自然、合乎天道。

[13] 恶趋：疑为“恶趣”。佛教语。指地狱、饿鬼、畜生三道。

[14] 修齐：修身、齐家的缩语。

[15] 推阐：阐发。

[16] 器艺：工艺、技能。

[17] 因循：保守，守旧。

[18] 笃论：确当的论述。

[19] 浮竞：争名争利。　凌猎：超越。

[20] 外铄（shuò）：外力。

[21] 甘受和，白受采：出自《礼记·礼器》。大意是，“甘”是众味之本，不偏主一味，所以能受五味之和；“白”为五色之本，不偏主一色，所以能受五色之采。这里引此文，意在强调立本的重要。

[22] 赅（gāi）：包括，兼备。

[23] 落落：数量不多而豁达开朗。

[24] 臻：达到。　修齐治平：即修身、齐家、治国、平天下。

[25] 老其老，幼其幼：使他的老人和他的孩子各得其所，即老者安之，幼者怀之。

[26] 正学：此指儒学。

[27] 晦盲：愚昧。　否（pǐ）塞：闭塞不通。

[28] 儒修：贤明的儒士。

[29] 间（jiàn）：杂。

[30] 逭（huàn）：避，逃。此指罪不可逃。

问：圣学自三代后，惟宋程朱诸人阐明，大显于世。当时嫉忌排挤，几不能容。悠悠斯世，安望有昌明正学之一日？曰：不必说真儒传道、继往开来事，但在上者能转移风气，使人心去伪存真。君子道长，上下皆重礼义廉耻，正学自盛，世道即可维持。此事出于天性，藏于人心，提倡而挽回之，本自不难，所谓德之流行速于置邮而传命也[1]。

道家养气，其极功亦通于养性；佛家以知觉为性，推其思虑所至，无所不说，颇多寓言卮言[2]。要皆以持戒断欲警喻俗人。今之学佛者，非播弄性灵[3]，即求生极乐而已。

耶稣教略近墨子兼爱[4]，但云不淫不盗，不妄语，爱人如己，己所不欲勿施于人；绝不谈性理[5]，亦不言空寂[6]。老子学贵清净，观其知白守黑、将欲夺之必先与之等语[7]，颇有作用似惩周末文胜之弊[8]，期一归于天真。庄子大意亦同[9]，而其任天而动，不杂人欲，亦与孔子礼乐从先进[10]，居敬行简语意略近[11]。回教书向未见过[12]，有友人言其祖慕罕蓦德亦言修性敬天[13]，与佛老近似。大凡天生大智慧人皆能见得性理一斑。世俗茫昧无归者故闻而趋之，以世人皆具有天性种子。然终不如我儒，推出天性中有仁义礼知信五德，以能保其全而用于世之大而顺也。《书》曰：尽性至命。盖能尽其性之所当为，乃能副天之所命。“命”字即《中庸》“天命”[14]。谓性之命，苟断却五常，脱去人伦，则世界人类何存？大乱起矣，如唐宋崇佛崇道，印度专崇佛教，回回专崇回教[15]，于国事何补？今日世界中佛道两教已微，惟孔子、耶稣、回回三教为多，而耶稣教尤盛，皆藉国家权力推行。考其历史，源远流分；战祸频起，与耶稣宗旨大背。尔辈处世，遇外教一流人，不必仇视，争是非，亦不可推波助浪相附和。若轻弃所学而学焉，斯为中国大罪人矣。

注释

［1］ 置邮：驿站。

［2］ 卮（zhī）言：随合人意、无主见之言。

［3］ 性灵：聪明。

［4］ 耶稣教：即基督教（新教）。 墨子（约前468—前376）：春秋战国之际思想家、政治家。墨家的创始人。名翟。相传原为宋国人，后长期住在鲁国。曾学习儒术，后另立新说，聚徒讲学，成为儒家的主要反对派。其学说在当时与儒家并称“显学”。现存《墨子》五十三篇。

［5］ 性理：此指宋儒性理之学中的人性与天理。

［6］ 空寂：佛教语。此指事物了无自性、本无生灭。

［7］ 知白守黑：语出《老子》：“知其白，守其黑，为天下式。”白，昭昭，明白；黑，默默。此三句意为，人虽自知昭昭明白，就应该默默守之如暗昧无所见，这样就可以成为天下的法式了。后以“知白守黑”喻称韬晦自处。

［8］ 惩：鉴戒。 周末：周，忠信。周末，此指不重视忠信的内涵。 文胜：过分地崇尚文辞，此指美的形式。

［9］ 庄子（约前369—前286）：战国时哲学家。名周。宋国蒙（今河南省商丘）人。他继承和发展了老子“道法自然”的观点。著作有《庄子》。

［10］ 先进：前辈。

［11］ 居敬：持身恭敬。 行简：行事简易。

［12］ 回教：伊斯兰教。

[13] 慕罕蓦德：即穆罕默德（约570—632）。伊斯兰教的创始人。

[14] 天命：此指人的天赋。

[15] 回回：此指信仰伊斯兰教的人。

有耶稣教士博览儒书，谓予曰：孔教，我极佩服，无间言[1]。惟有一二可疑，如《论语》“民可使由之，不可使知之”[2]。岂以国家大事不欲使之知耶？予曰：此谓民愚难喻，非不欲使之知也。朱子注甚明。

又问：“以直报怨”似有流弊[3]。予曰：此答以德报怨者，观孔子犯而不校，孟子横逆不问之语可知矣[4]。教士闻之大服。又有耶稣教士问曰：孔子书宜读，但于西国治国之道、谋生之术尚有未尽[5]，似应读天主书补之。答曰：资生之术[6]，因时而进。天不爱道[7]，地不爱宝，孔子何尝禁人谋生？《大学》言生财之道，颇阐其理，若论其事，非简册可尽[8]。中国自昔，专重农功，略于工商，此时代限之，习俗囿之。若谓《四书》中无声光化电之学，试问耶苏书中亦何尝有此语？教士哑然大笑。

注释

[1] 间（jiàn）言：非议的话。

[2] “民可”二句：出自《论语·泰伯》。由，从，遵从。这两句话的意思是，老百姓可以使他们遵从我们的意见去做，不容易使他们懂得为什么要这样做。

[3] 以直报怨：出自《论语·宪问》。意为，用正直之道对待有怨恨的人。

[4] 横（hèng）逆不问：出自《孟子·离娄下》。原文是：“有人于此，其待我以横逆，则君子必自反也。”横逆不问，对横暴无理的行为不予理睬。

[5] 未尽：尽，竭尽。未尽，未竭尽其言。此为没有论及的婉转说法。

[6] 资生：赖以为生。

[7] 爱：爱惜，吝惜。

[8] 简册：书籍。

古人云：一事不知，儒者之耻。凡有益于身心，有补于经世之学[1]，皆宜讨论[2]。惟少年用功，须择其切于时用而又于我性质相近者精求之，方能获益。若徒劳神翰墨，空言性道，非儒之正宗也。

问：儒负兼善天下之责[3]，常见忠义而不获善终者多矣。是以有志之士淡视荣利，每托于佛教，此不得已也。曰：用之则行，舍之则藏。邦无道，免于刑戮，儒者自有正当出处[4]，何必遁入他道？曰：诸葛武侯、文文山如何[5]？曰：武侯受先主顾托[6]，无可诿卸，然以蜀中之力，万不能恢复中原，只有尽瘁待死而已[7]。杜工部诗云[8]："运移汉祚终难复，志决身歼军务劳[9]。"可谓得其心矣。文文山当国时宋祚已亡，即元世祖不杀[10]，听其黄冠终老[11]，亦不能再扶社稷。儒者当此时只有一条路，与其夺志[12]，不如杀身[13]。

问：咸丰、同治年间[14]，各帅剿平粤匪大乱[15]，如骆文忠、曾文正、左文襄、李文忠、李忠武诸公[16]，皆本儒术否？曰：是。大凡人遇应为之事，察理既明，实心实力做去即是。儒修即合天道，自见成功，不必问其学术浅深何如。

注释

[1] 经世：治理国事。

[2] 讨论：研究。

[3] 兼善天下：出自《孟子·尽心上》。意为，（得志时）

要使天下百姓普遍地各得其所。

[4] 出处（chǔ）：出仕和隐退。

[5] 诸葛武侯：即诸葛亮。　文文山：即文天祥（1236～1283）。南宋大臣，文学家。字履善，一字文瑞，号文山。吉州庐陵（今江西省吉安）人。历任刑部郎官，知瑞、赣等州，右丞相。在抗元斗争中被俘，迭经威胁利诱，始终不屈，后被害。遗著有《文山先生全集》。

[6] 先主：此指刘备（161—223）。即蜀汉昭烈帝。三国时蜀汉的建立者，公元221—223年在位。字玄德。涿郡涿县（今河北省涿州市）人。采用诸葛亮的主张，力量逐渐壮大，建立蜀汉政权。

[7] 尽瘁：尽心竭力，不辞劳瘁。

[8] 杜工部：即杜甫。

[9] “运移”二句：出自杜甫《咏怀古迹五首——其五》。这两句诗的大意是，汉朝的国统已不能恢复，这不是凭诸葛亮个人的鞠躬尽瘁（志决身歼）和巨细咸决、南征北战精神（军务劳）所能转变的。

[10] 元世祖（1215—1294）：元代皇帝。名忽必烈。又称薛禅皇帝。公元1260—1294年在位。统治期间，除对人民起义进行武装镇压外，还提倡程朱理学，以加强思想统治。

[11] 黄冠：农夫之冠。此指退隐归农。

[12] 夺志：被迫改变原来的志向或意愿。

[13] 杀身：此指杀身成仁。牺牲生命以维护正义事业。

[14] 咸丰：清文宗爱新觉罗·奕詝年号（1851—1861）。同治：清穆宗爱新觉罗·载淳年号（1862—1874）。

[15] 粤匪：对太平天国农民起义军的蔑称。

[16] 骆文忠：即骆秉璋（1793—1867）。清末广东花县人。

字黼门，谥“文忠”。曾支持曾国藩办团练镇压湖南天地会起义和编练湘军；率湘军入川，镇压李永和、蓝朝鼎起义；诱杀石达开。是镇压太平天国革命的主要人物之一。有《骆文忠公奏议》。　曾文正：即曾国藩（1811—1872）。清末湘军首领。字涤生，谥“文正”。湖南湘乡人。曾节制浙、苏、皖、赣四省军务，并“借洋兵助剿”太平军，攻陷天京。后与李鸿章、左宗棠等办洋务。公元1868年调任直隶总督。有《曾文正公全集》。　左文襄：即左宗棠（1812—1885）。清末湘军军阀、洋务派首领。字季高，谥“文襄”。湖南湘阴人。曾镇压太平军；开办福州船政局；进攻捻军；镇压西北回民军；督办新疆军务，阻遏俄、英对新疆的侵略；中法战争时督办福建军务。有《左文襄公全集》。　李文忠：即李鸿章（1823—1901）。清末淮军军阀，洋务派首领。字少荃，谥“文忠”。安徽合肥人。曾编练淮军，在英、法、美侵略者支持下与太平军作战，并伙同戈登“常胜军”夺取苏、常，扼杀太平天国革命。对外一贯妥协投降，代表清政府签订了一系列卖国条约。有《李文忠公全集》。　李忠武：即李续宾（1818—1859）。清末湘军首领。字迪安，谥“忠武”。湘南湘乡人。曾从曾国藩办团练，与太平军作战中全军覆没，自缢身死。

问：自古言，儒术者多迂远难通[1]。如曰“礼乐百年始兴”[2]，世乱岂能久待耶？曰：此言大治之象[3]，治国者能领得此意几分，气象自异。若五代南北朝，纲常全堕，是以国祚皆促[4]。昔人言，孔明不死[5]，礼乐可兴。谓其治蜀政教修明，治象渐著，非于政教之外别兴礼乐也。礼乐不可斯须去，身精之即是中和位育，其迹即在饮食起居之间。如人起居无度，喜怒无常，岂非愚妄？安能干事？程子言，礼乐只在进反之间便得情之正。《礼记》曰：礼主其减，乐主其盈。朱子言，减是退让撙节收敛的意[6]，盈是舒畅发越快满的意[7]，二者互相为用，故礼主节、乐主和。朱子又言，强盗亦有礼乐。张横渠言[8]，强盗安有礼乐？予以为朱说显明示人易晓，今以一小事喻之即了然矣：

予昔年游茅山[9]，先一日宿山下雇舆夫，已订定矣。一妇曰：凡事有纲[10]，明日甲夫当值日，如乙受雇，争斗起矣。予笑曰："此乃礼之节也。"因退却已雇舆夫，另雇值日者。旋闻值日舆夫有一二他出，因复以后当日者补之。妇人曰："可矣"。予笑曰："此乃乐之和也"。时友人因解"礼"、"乐"字不明，闻此立悟。

注释

[1] 迂远：遥远。

[2] 礼乐（yuè）：礼，规定社会行为的法则、规范、仪式的总称；乐，音乐。礼乐，礼与乐的合称。古代帝王常用兴礼乐的手段，希求达到尊卑有序、远近和合的统治目的。

[3] 大治：政治修明、局势安定。

[4] 国祚：国运。 促：短。

[5] 孔明：即诸葛亮，字孔明。

[6] 撙（zǔn）节：抑制，节制。

[7] 发越：昂扬。

[8] 张横渠：即张载。

[9] 茅山：又名"句曲山"。即今江苏省金坛县西大茅山。南朝齐陶弘景曾隐居于此。

[10] 纲：纲维，法度。

佛道二教不言礼乐，万事平等，士人溺此者每致亏损大节。如唐宰相王缙不知大体[1]，盛供张敬佛[2]，炫惑世俗。其兄王维[3]，博学善诗文，降安禄山[4]。其他难更仆数[5]。此等人非惟不知礼乐，其心实未尝一日干净。佛言，生极乐国首重无欲。试问，佞佛者能断欲否？

问：佛道两教皆明道者[6]，何以独绝人类？曰：佛与老子皆有妻子，彼劝人出家系为俗人指迷断欲。道家本是别派[7]，今人乃以老子为道教始祖，非也。

问：回教以牲畜资生，乃戒人勿食猪肉，岂非偏见？曰：彼言猪肉肥腻不洁，易滞且性寒，不繁嗣育，此论未可厚非。尔辈皆宜少食，尝见嗜食猪肉者多不寿。

问：耶稣不拜君亲，岂非背礼？曰：中国古时席地而坐，俯首即拜礼。有君拜臣、母拜子之文，不为异也。闻耶稣当时民人有拜火、拜日月、拜鬼神者，迷惘不知所主[8]，故劝人专拜上天，他神可敬不必拜，亦非以不拜为不敬也。后世传教士欲变他国宗教而从其礼，失耶稣劝人随俗阐教之意矣。

大凡为儒能力学者，必在心性上作工夫。彼夸声誉、爱辩驳、植朋党、露格调者皆是魔道[9]。

注释

[1] 王缙：字夏卿。唐代河东人。累官黄门侍郎同平章事。一向奉佛，导帝设道场，致使大历年间政刑日以陵替。

[2] 供张（gòng zhàng）：僧尼向官府呈报名册。

[3] 王维（701—761，一作698—759）：唐诗人、画家。字摩诘，河东蒲州（今山西省永洛西）人，开元进士。安禄山军陷长安时曾受职。乱平后，降职。后官

至尚书右丞，故又称王右丞。以其山水诗、田园诗著称于世。有《王右丞集》。

[4] 安禄山（？757）：唐营州柳城（今辽宁省朝阳南）胡人。因战功任平卢兵马使、营州都督，后又兼任平卢、范阳、河东三节度使，拥兵十五万。公元755年在范阳起兵叛乱，陷洛阳、破长安，称雄武皇帝。其子安庆绪为谋夺帝位，将他杀死，时年约五十余岁。

[5] 仆数（shǔ）：一一详加论述、列举。

[6] 明道：阐明治道，阐明道理。

[7] 别派：此指儒家之外的学派。

[8] 主：事物的主体。

[9] 魔道：此泛指非儒家正统的思想体系。

问：儒家王陆与程朱不同[1]，将何从？曰：王陆不可厚非。昔人譬王陆如释家顿门即宗门[2]，程朱如释家渐门即律门[3]，亦不确切。大道本无方体[4]，学者各就性之所近而诚求之，皆能至道。岂特王陆程朱，即圣门七十子之徒亦不能不有小异[5]。如京师王都[6]，或从东方往，或从西方往，起步虽远，迨后愈走愈近，无不会归[7]。学者如不身体力行，则藩篱莫窥[8]，茫昧无主，遑论人之是非[9]？但后世学道者求其无弊，乃以程朱为正，此即孔门洒扫进退之意。王阳明以诚意即格物，理亦可通，究不如程朱语意周匝[10]。

问：中国向称儒释道三教，各国教更多门，其旨趣有同类否？曰：源头各异，其派自难强同。必求其同，惟“忠恕”二字[11]，己所不欲，勿施于人[12]，各教无异也。问：功夫同否？儒教重惩忿窒欲[13]，而释道戒忿欲尤严。问：行之何先？曰：不妄语[14]，三教略同。以此见，“诚实无妄”乃各教之源。此即天心亦人心也。今人心无一刻诚实，偶语及天心浑然不解，此所谓小儿丧其家者也。

注释

[1] 王陆：指王阳明与陆九渊。 程朱：指二程（程颢、程颐）与朱熹。

[2] 顿门：佛教语。顿悟法门。指唐代慧能上承达摩的“祖师禅而开创的禅家南宗”。 宗门：佛教语。禅宗的自称，而称其他各宗为“教门”。

[3] 渐门：佛教名词。即渐教。与顿教相对。该教开始说小乘，以后说大乘，由浅入深，按部就班地顺序说法。 律门：即律宗。中国佛教流派之一，唐释道宝所创，以持戒律为主，称戒律为佛教之根本，解说之要道，故称。

[4] 方体：方，常规；体，法式。方体，一定的法式。

[5] 圣门：此指孔子的门下。 七十子：七十二子的概称。指孔子门下七十二个才德出众的学生。

[6] 京师王都：国都的泛称。

[7] 会归：会合、归结（于同一目标）。

[8] 藩篱：门户。比喻某种造诣、境界。

[9] 遑：怎能。

[10] 周匝：完全，全面。

[11] 忠恕：出自《论语·里仁》，“夫子之道，忠恕而已矣。”忠，尽心为人；恕，推己及人。忠恕，尽心为人、推己及人的儒家的一种道德规范。

[12] “己所”二句：出自《论语·颜渊》。大意是，自己不想得到的，不要加给别人。

[13] 惩忿窒欲：克制愤怒、杜塞情欲。

[14] 妄语：虚妄不实的话。

卷四 处事

《论语》曰：君子敏于事而慎于言[1]。我辈虽见义勇为，遇事必须内度才力，外审机宜，尤防中途败失，苟审义不精，安可贸然从事？《论语》又曰：人无远虑，必有近忧[2]。《中庸》曰：凡事豫则立[3]。皆此意也。昔贤言：虑事贵周密无遗，如人之所履者，容足之外皆为无用之地，而不可废也。故虑不在千里之外，则患在几席之下。又云：得雀者罗之一目[4]，然一目之罗不可以得雀。二譬可谓明且切矣。

大凡人存心公正，则虑事详审。先审此事于国有益否？于民有益否？即有益矣，能持久而别无流弊否？斟酌已定，义当举办，尤须预料上下左右之人有无掣肘？如何防备？后来守成者能否不致变更，反以惠民之政变为殃民？俱须一一了然于心。语曰：公生明。非公即明，乃公生明也，生之义自有功夫在。昔有友言："处事如临战然，先度彼此情势，次察彼此地形；谋定后动，尤防万一之败。败时如何退兵，如何扼堵，不致为敌所乘，须一一操其胜算，然后进兵而战。"荣文忠言[5]："举事宜慎，若孟浪直前[6]，虽理足气壮，恐中途挠阻，上下二心，使局中人进退维谷[7]，而于事机益坏，不易收拾。"此皆阅历之言也。

注释

[1] 君子敏于事而慎于言：语出《论语·里人》。原文是："君子欲讷于言而敏于行。"大意是，君子应该说话谨慎而行动敏捷。

[2] "人无远虑"二句：出自《论语·卫灵公》。大意是，一个人没有长远的谋虑，一定会有眼前的忧患。

[3] 凡事豫则立：出自《礼记·中庸》。原文是："凡事豫则立，不豫则废。"大意是，凡做一切事情，事先有所准备就会成功；事先没有准备就会失败。

[4] 罗：捕鸟的网。　目：网的孔眼。

[5] 荣文忠：即荣禄（1836—1903）。满洲正黄旗人。瓜尔佳氏，字仲华。曾任内务府大臣兼步军统领、工部尚书、兵部尚书、总理各国事务大臣、直隶总督兼北洋大臣、军机大臣，协助慈禧太后发动"戊戌政变"，镇压维新派。谥"文忠"。

[6] 孟浪：轻率，鲁莽。

[7] 进退维谷：进退两难。

余生平遇家事[1]，惟守素节用，淡白处之而已[2]。至于一身行止，惟义是视，从不趋利避害。当患难可辞而不辞，遇富贵可就而不就，此心坦如也。尔辈看我一生，何尝尽在贫贱祸患之中？违义而荣，不如守义而困。荣与困在命，义与不义关于己也。至处公家之事，每当利害交乘[3]，人言庞杂，或谓省心不如省事，或谓姑忍待时，或谓他人不便者将有以中伤之。我尝曰："某一生作官能得几日？今从若言，可以苟禄邀誉[4]，如公事何？清夜自思，所负多矣，从我而行，理得心安。彼不便者不过诬蔑我，买弹章劾我[5]，或诱小人造飞语疑忌陷害[6]。此乃彼错，非我错也。即脱冠归去[7]，此心何等干净？此时一着失手，全盘皆输。将来能补救耶？人生所最患者贫与死耳。我幼遭大乱，屡濒于死而不死，久处贫困而未饿死。今蒙圣恩擢任疆寄[8]，而乃淟涊龊龊[9]，若此，果何为耶？”友人遂不复有所言。然余于应行之事，仍是从宽厚稳当处着意，乃未几而人言起矣[10]，风波震荡，或疑或诟。孰知布帆无恙[11]，渡过重险，仰赖圣明鉴照，非初料所及。小人竟有未能倾陷者，有倾陷而未能竟其力、而反以成就我事者，岂非有命存耶？前人云："君子乐得为君子，小人枉做了小人。"倘当时见义不明，稍有依违[12]，抱愧终身矣。

注释

[1] 遇：对待。

[2] 守素：保持素志。　淡白：同"淡泊"。恬淡，不追逐名利。

[3] 交乘：即"交承"。前任官吏卸职移交、后任接替。

[4] 苟禄：官吏无功而享受俸禄。　邀誉：求取声誉。

[5] 买：收买，买通。　弹章：弹劾官吏的奏章。

[6] 飞语：此指恶意的诽谤。

[7] 脱冠：比喻官吏去职。

[8] 擢（zhuó）：提拔。　疆寄：此指负一方重责的高级地方官吏。

[9] 淟涊：（tiǎn niǎn）：软弱，怯懦。　龊（chuò）龊：拘谨的样子。

[10] 人言：别人的评议。此指流言蜚语。

[11] 布帆无恙：典出南朝宋刘义庆《世说新语·排词》。本意指旅途平安。此比喻作者宦途无险。

[12] 依违：迟疑不决。

我任司道日[1]，遇有益于国于民之事，莫不勇往图之[2]，未尝一日偷安。每当利害未明时，先为大府画策[3]。凡用人用财及取益防损诸事，无不条具以陈[4]。甚有非职任内所管摄者[5]，但求于公有益，劳怨赔累皆所不辞。予尝逮事曾文正国藩，马端敏新贻、张靖达树声[6]，皆蒙信任。惟事合肥李文忠公最久[7]。文忠尝告人曰："周某用心极细，虑事最精，且廉正有魄力，非时人所及也。"余所陈者，司道分内之事居多，文忠允行者十有六七。至国家大事，如议条约、议戎政、议地方大利害、议边疆战守，则以内外意见纷拿[8]，文忠莫能尽从。可慨也！李文忠殁后，予蒙圣恩擢升督抚[9]，则时势益艰，新政待举，分内应办之事日不暇给，而内外掣肘，困难情形有为向来所无者，几不可一朝处[10]，屡请罢归，朝廷不允。昼夜忧思，发焦气折，始知古人求以微罪去官，亦不易也。衰病退居，自念莫能酬答圣明，深为此生大憾。尔等当力学之年，先求明理。明理则居家处约、处乐，为官处常、处变自有见解[11]。无官之时，切不可贪名躁进；有官之时，切不可轻举更张[12]。总须静心察理，屏除私欲。庶作人、作官皆有头脑，不至妄为招咎。

注释

[1] 司道：清代布政司、按察司、盐运司及守道、粮道、巡道等地方官的泛称。

[2] 图：设法进行，谋划。

[3] 大府：此泛指上级官府。

[4] 条具：分条开列。　陈：陈述。

[5] 职任：官员的职位与责任。　管摄：管辖统摄。

[6] 曾文正国藩：即曾国藩，谥"文正"。　马端敏新贻：即马新贻（1821—1870）。字穀山，谥"端敏"。山东荷泽人。道光进士，曾任知县、按察使、布政使、浙江巡抚、闽浙总督、两江总督兼办理通商事务大臣

等。　张靖达树声：即张树声（1824—1884）。字振轩，谥“靖达”。安徽合肥人。曾办团练抗击太平军，为淮军主要将领。历任按察使、布政使、漕运总督、江苏巡抚、两广总督等。有《张靖达公奏议》。

[7] 李文忠公：即李鸿章。

[8] 纷拿：混乱，不一致。

[9] 督抚：清代总督巡抚的合称。

[10] 一朝（zhāo）：一个早晨。　处：安居，安身。

[11] 处常：生活在正常的情况中。　处变：生活在异常的情况下。

[12] 更（gēng）张：重新张设。

处世之方随地随时而变。如处家则恩掩义[1]，居官则义掩恩。为小吏，则循法而求有益于民；为大吏，则当观变谋远，期有益于军国。执法宜正，而仍持以宽恕；治军宜严，尤必结以恩义。事巨而繁，则总其纲要，慎选主事之吏而与以权；事小而杂，则分派所司，先其急而后其缓。此大略也。今日宦途所最难者，莫如与外人交涉一事。予任津海关道兼管直隶全省商务教务[2]，先后六七年，地方平安。惟先事预防，临事速断耳。交卸时计未了之案[3]，只钱债数事，安有义和团萌芽耶？外人间有恫喝[4]，部中亦时有偏听，绝不为动。尝告人曰：“与其将就一时，遗患于后，宁投劾而归[5]，不忍昧心轻许也。”久之，外人亦皆折服，以我所持者理足、情顺而又为条约所证也[6]。平日与外人来往，绝不存藐视欺骗之心，词气未尝暴慢，礼貌未尝简缺，彼亦不敢遽肆狂悖。时人不谅，谓我酬应稍厚，此狃于夙昔排外之见[7]，不知时务者也。究竟孰得孰失，识者必能辨之。

注释

[1] 掩：盖过，超过。

[2] 津：即天津。明永乐二年（1404年）筑城设卫。清咸丰曾置三口通商大臣于此，同治后为直隶总督兼北洋钦差大臣驻所。 海关道：晚清官名。因道台任海关监督，管理关税与地方对外交涉事宜，故称海关道。 直隶：旧省名。辖境大体相当于现在的津、京二市和河北省的大部，河南省、山东省的小部及辽宁省、内蒙古自治区的一部。

[3] 交卸：卸去职务交付给后任。 计：结算，清算。

[4] 恫喝（hè）：恐吓。

[5] 投劾：呈递弹劾自己的状文。

[6] 证：验证，证实。

[7] 狃（niǔ）：因袭，拘泥。

光绪二十六年[1]，余任川藩[2]，适值义和匪起[3]，莠民蠢蠢思动[4]，乃设法逆折其萌[5]，并派员四出剿匪安良，幸免滋乱。嗣奉旨调直藩[6]，中途复奉帮同全权大臣议和之命[7]，在京曾襄赞数事[8]，直隶全省教案亦经妥与议结[9]，并收回天津，撤退保定洋兵，调合民教，剿抚土匪，外人尚无异言。当时官民有不尽知我用意者，事后始服。我但求有益于国于民，何尝计及一己利害？及到山东、到两江[10]，间遇外人要挟，我从未尝轻许一稍损国体、稍拂民心之事，亦从未予外人以藉口之端。近来交涉，每因闹教而起，洋官挟势要求，民人莽戆酿祸[11]，在我先有破绽，使人挟持，处于输着。此又在任事者相机斟酌，不可使气沽名。我为官三十余年，心中所筹划者，属员知者十之三四，幕友知者十之五六，继我任知我谋者十之二三，尔辈更无从闻知，故略述梗概，明我心迹。

大凡处事而失机招咎者，皆由理识不清，别有所为而致前人有屈己而救人者，有污名而保身者，此尚可原。若为国家事牵就敷衍，欲速见小[12]，必贻祸于国，且终不利己。二十年前，我尝对合肥李勤恪筱荃制军论及某事曰[13]：“当日彼襄议时，原为舍己从人，暂图牵就成功，不料祸机忽发，跕脚不住[14]，我辈无论到天翻地覆时，须无一毫跕脚不住之事，具此定力，方能干事。苟且图功，功未必成而自己先无以对人，宁死不为也。”勤恪大韪余言[15]，谓“任封疆者，宜知大体若此”。

注释

[1] 光绪二十六年：光绪，清德宗爱新觉罗·载湉年号。公元 1875—1908 年在位。光绪二十六年，即公元 1900 年。

[2] 川：即四川。清代置四川省，领五道，一百四十六县，治所在成都。　藩：藩台、藩司的省称，即布政使。清代为督抚的僚属，专管一省的民政和财政，为从二品官。

[3] 义和匪：对义和团的诬称。

[4] 莠民：坏人。此为对欲响应义和团的民众的诬称。

[5] 逆折：摧折。

[6] 直藩：直隶布政使。

[7] 全权大臣：此指李鸿章。

[8] 襄赞：辅佐帮助。

[9] 教案：帝国主义利用宗教侵略中国，引起人民反抗教会欺压而导致的外交事件。

[10] 山东：清代置省，领四道，一百零七县。治所历城。两江：江南（江苏、安徽）、江西。此指周馥任两江总督。

[11] 莽戆（zhuàng 又读 gàng）：鲁莽，言语、行动粗率而不谨慎。

[12] 见小：贪小。

[13] 李勤恪筱荃：即李瀚章（？—1888），字筱荃，谥“勤恪”。安徽合肥人。李鸿章之兄。曾任湖南知县、江苏巡抚、浙江巡抚、四川总督、两广总督。 制军：清代总督的别称。

[14] 跕（zhàn）脚：立足。

[15] 韪（wěi）：是，对，认为……是对的。

李文忠曰：“天下熙熙攘攘，皆为利耳。我无利于人，谁肯助我？董子正其谊不谋其利语[1]，立论太高。”予曰：“道谊中自有功利，正谊明道之人，谋功利更远。”友人有迂余言者[2]，谓“身家可以苟安，国家事当期速效。”予曰：“去道谊而求功利，终必丧其功利而后已。君子素位而行必得禄位名寿[3]，其道即在贫贱患难之中。何尝弃却功利，自堕陷阱耶？彼沾沾惟以功利是图者[4]，即小人为国家务财用者比也[5]。乌足数乎！”

凡处事识量要远[6]。忆四十余年前，友人张靖达督兵攻常州时谓予曰[7]：“此职不可久居也。天地好生，而用兵之道在杀人；道宜和，而用兵之道在争。”予曰：“公欲灭此贼，不杀而争，将如之何？贼灭，则好生之德可保矣。”靖达曰：“我见有饿妇依兵乞食者，有难民附贼而偷生者，杀之殊不忍。”予曰：“此自有处法。不可不杀，不可尽杀，总以平贼不失民心为主。孔子忠恕之道一以贯之，宁有兵事隔阂而不能贯耶[8]？”靖达闻之大笑首肯[9]。

注释

[1] 董子：即董仲舒（前179—前104）。西汉哲学家，今

文经学家。广川（今河北省枣强东）人，主张罢黜百家，独尊儒术，为汉武帝所采纳，开封建社会以儒学为正统之先声。著作有《春秋繁露》《董子文集》。正其谊：伸张公正的道理。

[2] 迂：认为夸诞不实。

[3] 素位：儒家的一种立身处世态度。意为安于其素常所处的地位。

[4] 沾沾：自矜自得的样子。

[5] 务：从事，致力。 财用：财物，财富。 比：类似，相类。

[6] 识量：见识与度量。

[7] 张靖达：即张树声。字振轩，谥“靖达”。合肥（今安徽省合肥市）人。同治年间领淮军从李鸿章。光绪年间官至直隶总督。

[8] 隔阂：被阻隔，不能相通。

[9] 首肯：点头表示同意。

大凡今世聪明人，遇事亦见得几分理路[1]。总是立志不坚，苟顾眼前。如为士、为农、为工、为商，岂不知勤力有效？初尚奋勇，旋即气馁中辍，以无恒心故也。昔年我友傅励生别驾偶谈及此[2]，傅曰：“我川中，昔年有甲被乙杀死。甲妇有孕，佯若不知仇者，迨生子[3]，逃居远僻，绝不问及前事。勤苦操作，严督其子读书。入泮后[4]，妇乃泣告其子当年父被杀状，属控之官，得拘乙偿命。当日妇若漏泄，母子皆死于仇手矣。”傅又言：“川中有一人新娶妇，妇固富家女。一日，夫嘱妇脱袜，妇笑曰：‘尔家无婢子耶？’夫大惭，自维[5]：我丈夫，乃使妇人轻我若此。遂出门，不告所之。至甘肃为人佣商，积数千金。闻新疆易谋利，复携资往，经营数十年，获数十万金，已别娶妇生子矣。

自思年垂老，欲归骨故乡[6]，因携眷归。过甘肃，旅人骗其财物，因控之官。官以为乡人也[7]，语其母。母疑焉，翊日在堂后觇之[8]，乃其夫也。呼入抱头大哭，妇曰：‘尔乃以我一戏言，竟断夫妇之谊耶！’夫亦哭，遂相与归川。”予曰：“是二事，乃匹夫匹妇硁硁之节[9]，甲妇报仇诚有远识，胜于逞一朝之忿，忘其身与亲者多矣。某因妇口出谩言[10]，遂远出不归，未免薄于情而悖于义。”傅曰：“是二人，皆有志者也。天下艰难事得此辈共任之，何患不济耶！”属予记其事，今追忆附识于此。

注释

[1] 理路：道理。

[2] 别驾：府、州佐吏名。

[3] 迨（dài）：同“逮”。等到。

[4] 入泮（pàn）：科举时代学童入学为生员。

[5] 维：思，计度。

[6] 归骨：本意为归葬。此指年老返乡，以在家乡终其天年。

[7] 乡人：此指与官为同乡之人。

[8] 翊（yì）日：翊，同“翌”。翊日，明日，第二天。

[9] 硁（kēng）硁：浅见固执的样子。

[10] 谩（mán）言：谎言，假话。此意为开玩笑的话。

俗语：“处事贵得中[1]。”宋儒言：“中无定在[2]。”如一家以厅为中，一宅又以堂为中，一国又以国之中为中。大约虑事必详利害[3]，行事必求踏实。大要不外按律合礼，揆时度势[4]，尤以顺人情为主。不顺人情，虽合律礼，不可为也。略举数事为鉴：

我任直臬时[5]，有某县甲外出十余年不归，亦无信。甲之岳母改嫁其未婚之妻于乙，已生子女矣。甲归讼于官，官乃书迂也[6]，断归前夫，妇几次求死。予大非之，然案已定，不便驳。逾数年，予回皖，闻江北有土豪甲强娶乙未婚之妻，十余年，已生数子。乙归控于县，不决；复控于省，皖抚委王守鹤笙往谳[7]，予遇诸归途，问曰："按例定耶[8]"？曰："否。甲富而乙贫，妇已生子女，若按例断离，妇必死，乙又何必娶此已婚之妇耶？已重罚甲银，付乙另娶妇。案结矣。"予服王守善断狱。

此不必按例之事。

贵池桂丹盟先生超万守扬州日[9]，有甲以女许乙之子，将迎娶矣，甲闻乙妇乃彼前婢也，悔欲离婚。讼之，丹盟判曰："昔为尔婢，今为乙妇，妻从夫贵，不得再以婢论，断速迎娶。"

霍邱裴浩亭大中为无锡令[10]。有甲订乙女，以贫久不娶，乙故催之，意欲使甲悔婚。甲不决，讼之官。乙曰："我女即往必饿死。"浩亭问甲曰："尔力尚能谋生，需资几何？"曰："有银洋一百元可矣。"浩亭如数与之，订期娶焉。予三十年前过无锡访浩亭，见署外有老妇提红鸡蛋一篮，问："何事？"曰："新妇生孙，来叩谢大老爷。"予闻之，甚赞浩亭爱民。

予尝闻，某县有强奸已成之案，官以其处女也，先未字人[11]，遂断归奸夫，女不从，自尽。又闻：有和奸之案[12]，夫欲休妻，官亦断归奸夫。二案问官荒谬已极，闻均劾罢。

以上四事，系必按例讯断，无可移者。

注释

[1] 得中（zhōng）：适当，适宜。

[2] 定在：定式，定规，成规。

[3] 详：审察。

[4] 揆（kuí）时度（duó）势：审度时势。

[5] 臬：即臬台，臬司。清代提刑按察使的别称。主管一

省司法。

[6] 书迂：书呆子。

[7] 抚：即巡抚。在清代为省级地方政府的长官。职掌名义上以民政为主，事实上则兼理军民，总揽一省的军事、吏治、刑狱等，品级虽比总督略低，但同为封疆大吏。 谳（yàn）：审判定罪。

[8] 按例：依照成例，依照旧例。

[9] 贵池：县名，即安徽贵池县。 桂丹盟先生超万：即桂超万。清代贵池（今安徽省贵池县）人。字丹盟。道光进士。官至福建按察使。有《惇裕堂文集》。

[10] 霍邱：县名。即安徽霍邱县。 裴浩亭大中：即裴大中。清代霍邱（今安徽省霍邱县）人。字浩亭。曾为无锡县县令。 无锡：县名，汉置。清代属江苏常州府，今为江苏省无锡市。

[11] 字：女子许嫁。

[12] 和奸：男女私通而成奸者。

有一显宦[1]，性不好佛。其母死，家人戚族欲延僧讽经[2]，显宦执不可，大拂众意，几致龃龉。后不得已，使人于柩前读儒书解之。他日家人伺其他出，仍讽佛经。

有一显宦家，妇女食素诵佛。显宦不乐，逼使茹荤，禁讽佛经，致酿成命案。

有一名士好古，常鄙俗礼。妻死，凡殓含一切[3]，杂取《仪礼》诸书行之[4]。他人不能办，彼自劳手足，耗财多，不适于时，乡党皆嗤之。

以上三事颇近于礼，然习俗难移，何必以此与家人大忤，失从宜从俗之道矣[5]。

注释

[1] 显宦：达官，高官。

[2] 讽经：念经，做道场。

[3] 殓（liàn）：给死者穿衣下棺。 含（hàn）：同"琀"。放在死者口中的珠、玉、贝、米等物。

[4] 杂：组合。 《仪礼》：简称《礼》，亦称《礼经》《士礼》。儒家经典之一。春秋、战国时代部分礼制的汇编。

[5] 从宜：采取适宜的办法，怎么适宜便怎么做。 从俗：顺从时俗。

昔提督曹荩臣克忠[1]，在甘肃督兵剿回时，回势已蹙[2]，求降，曹许之。曹曰："我许彼降，彼防守必懈，夜出兵击之。此与韩信破齐同术[3]。"曹剿回颇有功，而时人有以此为非者。

同治二年[4]，李文忠抚苏[5]，攻苏州城外贼垒殆尽，贼惧欲降，提督郑一峰国魁侦知之[6]，单骑入城喻谕[7]。贼酋曰[8]："非不降也，疑惧未敢发耳。"郑邀酋至城外山上，指天誓以不死，酋允诺。时程方忠学启总督前敌各军[9]，闻之，复自率数骑入城喻之。各酋留晏，酒半酣，适有贼卒来言："程大人随兵有取我矛者。"方忠闻之，鞭其随兵谢焉。降期已定，酋先约献半城：自某街以北归官军，某街以南暂归降卒，并求立十营以降酋为营官，程皆许之。程归出城，马上细想：一矛得失极细事[10]，乃靳不予[11]，此贼降后安可制耶？密禀李文忠曰："贼降后必尽杀之，遣散其众。"文忠曰："杀降，大罪也。"方忠曰："非如此办，我行矣。"文忠不得已许之。降之日，文忠驻方忠营中，大酋九人来谒，赏顶帽酒食。方忠密遣人持衔版禀曰[12]："戈登请帅往议事[13]。"（戈登者，英国人。时练华兵，助文忠剿贼者也。）文忠行甫出营门[14]，方忠鸣炮一声，兵弁将九酋及从者数十全戮之。时郑一峰在他棚酣饮[15]，闻声出而阻之已不及矣。一峰欲责备方忠，而方忠已他往。嗣是一峰与方忠不睦[16]。方忠名学启，逾年攻嘉兴战殁[17]，谥“忠烈”，勇敢喜战，多智略，为平吴战将第一。后三十余年，余侍李文忠济南旅馆[18]，夜坐偶谈及前事，文忠尚以为歉。予曰：“方忠勇决，诚不可及。然投降者许以不死而复杀之，似伤天理、失大信。降酋何致复叛？当时似欠处置之方耳[19]。”文忠颇是予言。

以上二事不合例而皆成功，然毁誉各半。非素讲学问[20]，胸有成竹，临时处此等事，难免张皇失据。

注释

[1] 提督：清代武官名。从一品，为一省的高级武官，与督抚并称“封疆大吏”，但仍受总督节制。 曹荩臣克忠：即曹克忠（？—1896），字荩臣，天津人。同治二年（公元1863年）随多隆阿“西征”，进攻西北回民起义军。历任参将、副将、提督、水师提督等。

[2] 蹙（cù）：促迫，急迫。

[3] 韩信（？—前196）：汉初诸侯王。淮阴（今江苏省清江西南）人。初属项羽，后归刘邦，被任为大将。破赵取齐多立战功，被封为齐王。西汉王朝建立，改封楚王，后降为淮阴侯。著有《兵法》三篇，今佚。

[4] 同治二年：即公元1863年。

[5] 李文忠：即李鸿章。 抚苏：任江苏巡抚。

[6] 郑一峰国魁：即郑国魁。字一峰。合肥人。官至天津镇总兵。

[7] 喻谕：开导。

[8] 酋（qiú）：首领。

[9] 程方忠学启：即程学启，字方忠，谥“忠烈”。桐城

（今福建省泉州市）人。曾跟随李鸿章攻苏州、嘉兴太平军。 总督：总揽，总管。此为统率军队的长官。

［10］ 细事：微小之事。

［11］ 靳：吝惜。

［12］ 衔版：书有官衔的木牍。如现代的名片。

［13］ 戈登（1833～1885）：英国人。曾为“常胜军”统带，配合清军进攻太平军，被清政府加提督衔，赏穿黄马褂。

［14］ 甫：才，方，刚刚。

［15］ 棚：清代陆军编制单位，十四人为一棚。

［16］ 嗣是：自此以后。

［17］ 嘉兴：县名。秦置由拳县，三国吴改嘉兴县。今为浙江省嘉兴市。

［18］ 侍：陪从在尊长旁边。 济南：府名。清辖境相当于今山东省北部。

［19］ 方：此为“方正”的隐讳说法。指人的品行正直无邪。

［20］ 素讲：素常讲习。 学问：学习与询问。

问：事到万难措手之时，律礼不能行，人情无可恃，将如之何？曰：事有常变[1]，处之之法亦有常变，断无无可处置之理。观孔子瞯亡往拜阳货[2]，微服过宋[3]，及去食、去兵、民信之言[4]，可以悟矣。

事虽当理应行[5]，而势机不合，必劳而无功，或返致败失[6]，自应待时相机[7]。若听谀我者怂恿轻举，悔无及矣。即当可行之时，其处事方略各有不同，未可胶柱鼓瑟[8]。有先植其纲，而后布置条目者；有逐步做去，积日见功者；有先从难处下手，余则迎刃而解者；有先致力于彼，而后返施于此者[9]。务须审机度势，询谋老成[10]。若钝汉不度事理[11]，徒袭已往成迹，鲜不失矣。

大凡处一己之事在让。如贫与贱，不以其道得之，不去是也。处一家之事在和在俭。孔子谓父为子隐，子为父隐[12]，谓卫公子荆善居室，苟完苟美是也[13]。处国家之事在安而不扰。宜宣上德尊国体，尤以固民心为重，不可有幸功图便之心[14]，须时存杜患防危之念。即建旋乾转坤事业，亦只从顺民心做起。

人处大小事，贵先有一段真实意贯注其中，勤勤恳恳，不可放松一步。“《康诰》曰：‘如保赤子。’心诚求之，不中不远[15]。”可谓善譬矣。人能如此存心，所处之事虽不能如圣贤分寸合度，要无大段不是处。予曾闻人言：国初[16]，靳文襄公辅治河最精[17]，而谋国之忠，处心之厚，为近世所罕见。尝条陈治河利害，上诘责，必详悉复陈，得请乃已，部臣挑剔[18]，胪举弊端以告[19]，有人诬刻讥讪，从不一出怨词。曾被谪为安东典史[20]，即单车之官[21]，毫无愠色[22]。旋复河督任[23]，亦无喜色。迨罢斥居家，恂恂如儒者[24]，犹以未尽职事为憾。今人一遭挫折辄废然思返，器量不及远矣。

注释

［1］常变：通常的及突发的事故。

［2］阳货：即阳虎。春秋时鲁国人。曾为季氏家臣，事季平子。平子卒，虎专政。

［3］（孔子）微服过宋：微服，为隐藏身份，避免引人注目而改换常服。微服过宋，典出《孟子·万章上》：“孔子不悦于鲁卫，遭宋桓司马将要而杀之，微服而过宋。”大意是，孔子为鲁国和卫国所嫌恶，宋国的司马桓魋（tuí）预谋在路上截杀他，所以只得化装通过宋国。

［4］去食、去兵、民信之言：典出《论语·颜渊》：“子贡

问政。子曰：‘足食，足兵，民信之矣。’子贡曰：‘必不得已而去，于斯三者何先?’曰：‘去兵。’子贡曰：‘必不得已而去，于斯二者何先?’曰：‘去食。自古皆有死，民无信不立。’”大意是，治理政事，粮食与军备充足和取得百姓的信任最重要。迫不得已要去掉两项，宁可去食、去兵也不能失掉人民的信任。失掉民心，国家就立不住了。

[5] 当理：合理。

[6] 返：犹“反”。反而。

[7] 相（xiàng）机：察看机会。

[8] 胶柱鼓瑟：鼓瑟时胶住瑟上弦柱，就不能调节音调的高低，奏出和谐的乐曲。比喻固执拘泥、不知变通。

[9] 返旆（pèi）：旆，镶在旗末的燕尾状饰物。返旆，回师。

[10] 询谋：咨询、商议。此指征询（老成者的）意见。

[11] 钝汉：蠢人。

[12] “父为子隐”二句：出自《论语·子路》。原文是“吾党之直者异于是：父为子隐，子为父隐，直在其中矣。”大意为，我家乡的正直人与此（指前面讲的子告发父亲）不同：父亲为儿子隐瞒，儿子为父亲隐瞒．正直就表现在这里了。这里，孔子“为亲者讳”是强词夺理，应该批判。

[13] “谓卫公子”二句：出自《论语·子路》。原文是：“子谓卫公子荆：善居室。始有，曰：‘苟合矣。’少有，曰：‘苟完矣。’富有，曰：‘苟美矣。’”卫公子荆，卫国大夫，字南楚，卫献公的儿子；善居室，善于管理家政（指不奢侈浪费，不贪得无厌）；苟，差不多。这两句的大意是，孔子在谈到卫公子荆时说他

善于管理家政。当他开始有些财产的时候，就说“差不多够了”。再稍增加一点就说“差不多完备了”。当富有时说“差不多十全十美了”。

[14] 幸功：希图侥幸立功。

[15] “《康诰》曰”四句：出自《礼记·大学》。原文是：“《康诰》曰：‘如保赤子。’心诚求之，虽不中，不远矣。”大意是，《康诰》上说，“要像母亲爱护婴儿一样”。如果诚心按照（孝、悌等）要求去做，虽不能完全做好，但也相差不多了。　《康诰》：《尚书》中的一篇。

[16] 国初：此指清朝建立初期。

[17] 靳文襄：即靳辅（1633—1692）。字紫桓。清代辽阳（今属辽宁省）人。曾任国史院编修、河道总督。在治河中颇有建树。卒谥“文襄”。著有《靳文襄公奏疏》《治河方略》。

[18] 部臣：中央各部的长官。

[19] 胪（lú）举：列举。

[20] 安东：县名。治所即今江苏省涟水县。　典吏：知县的属官，清代的职掌为缉捕和狱囚。

[21] 单车之官：形容车杖、随从都少的小官。

[22] 愠（yùn）色：怨怒的神色。

[23] 河督：河道总督的简称，又称“总河”“河台”，掌管黄河、运河事务。

[24] 恂（xún）恂：谦恭谨慎的样子。

卷五　待　人

待家庭骨肉宜厚，以欢愉感化为主；待戚友乡党亦宜厚，俾无失所为要[1]。刑例论亲戚之罪“重奸不重盗”[2]，其义可想。《书》曰“孝友睦姻任恤”六字[3]，义已尽之。即无财周济[4]，要当情意周挚[5]。

问：人情不同，事理多变，概从厚施乎？曰：在我总以不失厚道为本。

亲戚中有甲某，先善养其母。母爱女，常节所余以资其女。甲不悦，遂薄奉其母。一日，予过其门，母诉之。予劝甲，养亲以能承欢为主，尔不读《论语》“犬马有养”语乎[6]？甲大感悟。《孝经》曰[7]：“爱亲者不敢恶于人，敬亲者不敢慢于人[8]。”而况骨肉之间乎？

溧阳陈作梅先生鼐告予曰[9]：叶云涯，仁人也。彼为提塘时[10]，京市忽有人哭诉“母死无殓葬费”，云涯怜而助之。后数日，其子告曰：“前日诉母死者，诈也。”云涯愕然曰：“当时我之心，非如此不慊也[11]。此乃彼之过也。”谕其子曰：“尔辈心中切勿时时患人欺诈，致薄待人。”

注释

［1］　俾（bǐ）：使。　失所：失其立身之地。

[2] 刑例：惩罚罪犯的法规条例。

[3] 《书》曰：此误《周礼》为《尚书》。 孝友睦姻任恤：出自《周礼·地官·大司徒》。孝友，对父母要孝顺，对兄弟要友爱；睦姻，对宗族和睦，对外亲亲密；任恤，亦作“任卹”，诚信并给人以同情。

[4] 周济：接济，救济。

[5] 周挚：至为真诚，至为笃厚。

[6] 犬马有养：出自《论语·为政》：“今之孝者，是谓能养。至于犬马，皆能有养；不敬，何以别乎?”大意是，人与动物都能养父母之老，但人与动物的区别在于孝养双亲并取得父母的欢心。

[7] 《孝经》：儒家经典之一。作者说法不一，以孔门后学所作一说较为合理。主要内容为论述封建孝道，宣传宗法思想。

[8] “爱亲者”二句：出自《孝经·天子》。此二句意为，人不仅要爱亲敬亲，而且要广施博爱广敬之心。

[9] 溧阳：县名。治所即今江苏省溧阳县。 陈作梅先生鼐：即陈鼐，字作梅。

[10] 提塘：清代各省督抚派驻京城、掌管本省与中央各部院管文书传递、敕书下达和奏章上送的官员。

[11] 慊（qiè）：满足，快意。

问：防人之心似不可无。不然，厚道不易施也。近来世情险诈，厚道人常被人欺。曰：君子待人固厚，自亦具知人之明、防人之识。孔子“不逆诈，不亿不信”之语[1]，自不易到。然人能讲求学问则心静气平[2]，观人自易。语云：“观人于其微。”如其人遇可惨之事，露出不忍之心者；遇不平之事，见忿恨意[3]，欲救援之者；见年长父执及有德之人[4]，貌恭言顺者；受人之恩，常念不忘者；语及害己小人，无恶言疾声者；见花草禽兽、一切生物，欲成不欲毁者。此皆厚道之人，遇事可以询商。然君子待人，莫不出之浑厚和平，即知其小人，亦未尝露于声色，自有处之之道。或有时受其欺诳，但可欺之以其方[5]，欺一次不能欺二次。

人心险薄，皆由奔竞图利而起[6]。故乡党人较厚，市井次之，宦场又次之。而人之见识开朗，则宦场人为多，市井次之，乡党又次之。故行善以能兴学教人为上，周济孤寡次之。

余昔年捐建本邑文庙一万金[7]。又捐周济族戚孤寡——取名“乐济会”——存典生利一万金[8]，近已将此款改买芜湖万顷湖田一千余亩[9]。又捐银买邻田一千余亩——取名“孝友堂”——暂以济“乐济会”之不足，他日田租足额即以“孝友堂”租专留济本支子孙孤寡与极贫者，欲进学堂而无资者。又捐池州府中学堂、建德小学堂各四千金[10]。今欲再捐，力已竭尽。尔辈他日即不能扩充善举，断小可使已成之业废弛中辍，致负孤寡之望。

注释

[1] 不逆诈，不亿不信：出自《论语·宪问》。逆诈，事先猜疑别人存心欺诈；亿，同“臆”，推测。此二句意为，不事先怀疑别人欺诈，不随意猜测别人不讲信用。

[2] 学问：学习与询问。

[3] 见（xiàn）：同“现”。显露，表现出。

[4] 父执：父亲的友辈。

[5] 方：常规。

[6] 奔竞：奔走竞争。此指对名利的追求。

[7] 文庙：明代以后称孔庙为文庙。 金：清代至近代以银一两或银币一元为一金。

[8] 典：典当，当铺（当铺也有像钱庄一样的吸储的业务）。

[9] 芜湖：汉置县。在安徽省东南部。 湖田：围垦的湖滩淤地。

[10] 池州府：明改池州路为府，治所在安徽省贵池县。1912年废。

问：横暴奸险之徒，宜无所施其厚矣。曰：不然。彼岂无端而犯我耶？我以厚道存心，而又有以防之，受侮自少。问：倘于做官时遇此等人，权力大于我，从之不可，求去不得，将如之何？曰：仍以厚道待之。谏之不听，奉身而退可也[1]。彼或以我异己，而思有以中伤之，勿顾也，总要自己立定脚跟。

人未有不望子弟贤而富贵者，教之不得不严。然严不如化[2]。化亦不易，终不如啬其用而苦其力之易入也[3]。孟子“孤臣孽子”之言[4]，原为大任取譬[5]，苟欲子弟成就，多遗之财，乃所以败之也。疏广曰[6]：“贤而多财则损其志，愚而多财则益其过。”诚不刊之论[7]。予闻：道光年间[8]，豫人王制军懿德[9]，官声颇好，殁后不留一钱与其子，后其子孙皆诚谨能自立。王公见识，可谓高人一等。予恨不能师其法，薄遗资产与尔等。若不能自食其力，转瞬即见贫困，恐堕入穷滥小人一流矣。

欧美两洲人，皆不遗财于子而赠财于友。有遗之者，为数亦少，或只分给其长子。又，其子若不能自赡其身，则不为之娶妻。故其人谋生较华人为勤，亦能谨身节用，无食鸦片、赌博恶习。此风胜于我华[10]。

注释

[1] 奉身：守身，保持品德与节操。

[2] 化：教化，教育。

[3] 入：达到（某种境界）。

[4] 孤臣孽子：出自《孟子·尽心上》。孤臣，远臣；孽子，庶子。孤臣孽子，孤立无助的远臣和贱妾所生的庶子。

[5] 大任：重任，重要职务，亦指担当重要职务的人。

[6] 疏广：汉代兰陵（今属山东省）人。字仲翁。曾为博士、太子太傅。

[7] 不刊之论：刊，订正。不刊之论，完全正确的论定。

[8] 道光：清宣宗爱新觉罗·旻宁年号。公元 1821—1850 年。

[9] 豫人：河南省人。　王制军懿德：制军，明清时总督的别称。王制军懿德即王懿德，河南人。官至总督。

[10] 我华：华，华夏，古代汉族的自称。我华，此指我们华夏人，我们中华人。

余昔年尝与极乖张人共事[1]，予为分其责任，使不互相牵掣，凡劳苦事虑有后患者，皆我任之。每发一言、议一事，无不出以和平[2]。久之，彼亦折服[3]。幸其人皆廉正无私。至大柔奸人、大险狠人[4]，冰炭自不能融[5]，予惟直道而行[6]，检点经手事，着着防之[7]，彼虽欲设计中伤，无隙可投。有时或借他事挤我、诬蔑我，我亦不与辩，惟逊让而已。我尝怪宋明党祸[8]，未尝不由诸君子之过激而成也。

凡办大事，与人共患难、共功名，须有一段诚挚意固结人心；尤须度量宽洪，使人尽其所欲言。无论其言可行与否，密记于心不可轻露，须留言者地[9]，使其复有所言。尤不可傲己非人，不可轻喜易怒。大约达官而不能使人尽力以成治功者[10]，皆骄吝二字害之。能时常读书警醒此心，又延一二老成师友朝夕相处[11]，使其尽言无隐，庶几稍救此病。

注释

[1] 乖张：执拗。

[2] 和平：和睦。

[3] 折服：信服，佩服。

[4] 柔奸：表面柔和而内心奸诈。 险狠：险恶狠毒。

[5] 融：融合，融会。

[6] 直道：正直之道。

[7] 着着（zhāo zhāo）：样样，处处。

[8] 党祸：因党争而酿成的灾祸。

[9] 地：留有余地。

[10] 治功：制定法则并有效实施的政绩。此指治理国家的政绩。

[11] 延：聘请，邀请。

孔子曰：晏平仲善与人[1]，交久而敬之。此非专为处人[2]，亦以处己。孟子曰："夫人必自侮，然后人侮之[3]。"大约己所侮者，即是我先敬后不敬之人；而侮我者，必是先谀我昵我之人。张文瑞《述友人》诗曰："于今道上揶揄鬼[4]，原是尊前妩媚人[5]。"故结交不可不慎。

交游之中，安得皆胜己者？当居权位时，所提拔之人，随时量才录用，亦未必尽精金良玉。惟处心公正，赏罚皆出直道，彼自不敢眩惑。苟能从善效功[6]，应视为同类中人。三代盛世之官吏[7]，未必人人皆有根柢，大半观摩仿效而然，以其时君子多而小人少也。总之，无论人如何谀我毁我，只可默自审察，不可生一毫喜忌心；否则．人投隙而作弄矣[8]。

大凡贫贱之人易受侮，我能恭敬有礼而无求于人，则侮自寡矣。富贵之人易招誉，我能慎独克己、得失心知，誉者亦废然返矣[9]。凡誉言，十分只作三分看。且有以无作有者，誉近于谀，此人自不可近；然远在心，不可见于声色。今世奔竞成风[10]，人情浇薄，有偏向富贵人雌黄以傲沽名者[11]；有向贫贱人缔交而卖声气者[12]，此弊亦不可不知。总之，自己心中虚明[13]，一切云烟过眼不为动矣[14]。

昔人有言，人有自命廉正而乖僻刻薄、常怀忍心者[15]，宦途虽显，其家世必渐败落，或竟绝祀无后。庸吏恂恂[16]，无盛名亦无大过，每获善报，或言皆由民情恩怨所致。予谓天地之道本中和[17]，人心不出于中和，即失人心、逆天道。凡不近人情之人，非奸慝即谬妄[18]，虽一时卖誉取荣[19]，终必贾祸偾事[20]。尔辈切不可近亲致染其毒[21]。

注释

[1] 晏平仲：即晏婴（？—前500）。春秋时齐国大夫。字平仲。夷维（今山东省高密）人。继其父职任齐卿，历仕灵公、庄公、景公三世。有《晏子春秋》传世。　与人：合乎民意，取得民心。

[2] 处（chǔ）：对待。

[3] “夫人”二句：出自《孟子·离娄上》。大意是，人们一定是自己先有招致侮辱的言行，然后别人才敢侮辱他。

[4] 道上：途中。　揶揄：嘲笑，戏弄。

[5] 尊前：尊，酒器。尊前，酒宴之上。

[6] 效功：效劳，立功。

[7] 三代：此指夏、商、周三个朝代。

[8] 投隙：乘隙，伺机。

[9] 废然：灰心丧气，失望的样子。

[10] 奔竞：为名利而奔走争竞。

[11] 雌黄：改易，驳正。此指故作姿态以表现自己不趋炎

附势。　沽名：赚取名誉。

[12]　缔交：结为朋友。　卖：卖弄。　声气：本指朋友间共同的旨趣和爱好。此指故作姿态以表现自己的清高不俗。

[13]　虚明：此指内心清虚纯洁。

[14]　云烟过眼：比喻事物转眼即逝。

[15]　乖僻：反常，怪僻。　刻薄：不厚道，冷酷无情。　忍心：狠心，昧着良心。

[16]　恂恂：温顺恭谨的样子。

[17]　中和：中庸之道的主要内涵。儒家认为能“致中和”，则天地万物均能各得其所，达到和谐的境界。

[18]　奸慝（nì）：奸恶的人。　谬妄：荒谬背理。

[19]　卖誉：以虚名炫耀于世。

[20]　贾（gǔ）祸：招致灾祸。　偾（fèn）事：败事。

[21]　近亲：此意同“亲近”。亲密接近。

卷六　治家

昔有数友与予论修身治家之道。一友主勤，一友主俭又主和。予曰："惟诚其庶几乎[1]！昔人言，居官'清、慎、勤'三字，以'慎'字为主，亦此意。"当时友人有未解者，今详以告尔：

夫诚，即无妄之谓也。此乃天之性，即人之性。万事万物之理皆从此出。孔子曰："人之生也直，罔之生也幸而免[2]，谓其不能免也。予阅人多矣，见有不勤不俭而败者指不胜屈；至存心险诈、欺天罔人，虽勤且俭，未有不败者。

昔年见数巨富，岁收田租数万石[3]，商业利亦数万金，其经理诸事之伙友皆勤朴尽力[4]，说者谓其家可持久。予察其子弟多不好学，嬉戏终日，每应试辄请枪替[5]。成人之后多捐正佐官出仕[6]。迨粤匪扰江南，典业十余座荡然无存，田荒无租可收，奔走流离，苦不堪述。他人或游幕、或从军、或经商[7]，其蠢夫能耐劳者犹以佣趁自给[8]，而彼弟子文笔极劣，体骄性逸，无一事可作。其出仕者，上司以彼家富，每委以瘠缺[9]，赔累不支。又不善理民事，官声皆劣，久之无不被劾、被弃而归。今则人亡家败，仅见破屋数椽而已[10]。

有一人家小康[11]，老夫妇持家甚勤，无子，继旁支一子久不育[12]。有人密告予曰："若知其家致富所由来耶[13]？初极贫，夫颇勤作，屡纵妇与佣人私[14]，佣有不力作者，妇辄诟谇不已[15]。

佣皆以为苦。”夫妇殁后，无孙户绝。

一家业贾颇勤俭[16]，兄弟妯娌皆睦，家资数万金。余幼时过其家，见其接物行事无不出以权术”[17]，料其必败。后二十余年，见其子孙多顽劣且不寿，家业荡然。

幼时，有邻家每晚夫妇互相诟詈不已，声闻邻里，如是者数年。予母每闻之，愀然曰[18]：“是家必招祸。”后其子当练丁战死[19]，曾见梦于其母曰[20]：“我于某日，在张溪镇河滩中被贼矛伤死。”且遗河石一枚，置其母被上。母醒大哭，邻人往慰之，见石凹尚带沙泥，信河滩物也。其母痛哭不休，忧郁而卒，夫逃在外，不知所终，户绝。

有数宦，心计最工，常患不足，于财用时悭吝尤甚[21]。迹其所得[22]，尚是相沿旧例，惟不可稍减让耳。后数年，本人遭劾罢官，子孙皆侈荡无余[23]。

余家门前半里许，有地名鲁家坳。幼时见瓦砾满地，田土皆黑。予问我祖父曰：“此地人家今何在?”祖父曰：“先有鲁姓数家力农于此，人皆奸诈。后剩一少年尤浇薄[24]，巧舌讥人，人骤闻之，不知何谓。旋病殁，无后。数户全绝。”

人有性情刚燥者、执谬者、巧滑者、庸鄙者[25]，后人或盛或衰，不尽绝祀；惟阴险之人多无后。陈平言[26]：“平生多阴谋，为道家所忌[27]。”信然。

每见巧诈之人后嗣多愚[28]，吝啬之人后嗣必侈，拘严褊隘之人后嗣多放荡[29]，固自然运数也。天地生万物而无心，圣人应万事而无情，为人即不能希贤希圣[30]，要存心行事一出于公正平易。暴雨不终朝，大风三日无不转向。天道且无常，况人乎！彼自作孽者，未之思耳。

注释

[1]　惟诚其庶几乎：庶几，差不多，大概可以。这句话意

为，只有“诚”这个字，大概可以概括修身治家之道的要点吧。

[2] “人之生”二句：出自《论语·雍也》。罔，欺骗，虚妄；幸，侥幸。此二句意为，人的生存由于正直，不正直的人也可以生存，那是由于他侥幸地免于祸害。

[3] 石（dàn）：①容量单位，十斗为石；②重量单位，一百二十斤为石。

[4] 经理：处理，料理。　伙友：店员。

[5] 枪替：此指考试时替别人答题或做文章的人。

[6] 捐：纳资求官。　正佐官：长官的辅佐官。

[7] 游幕：出外做幕僚。

[8] 蠢夫：笨拙的人。　佣趁：此指受雇佣。

[9] 瘠缺：收入少或不便贪污谋利的职务。

[10] 椽（chuán）：指房屋的间数。

[11] 小康：此指家庭稍有资财、可以安然度日。

[12] 旁支：嫡亲以外的支属。

[13] 若：你。

[14] 私：男女私通。

[15] 诟谇（gòu suì）：羞辱责骂。

[16] 业贾（gǔ）：贾，做买卖。业贾，以买卖为职业，做生意。

[17] 权术：权宜机变的手段，权谋，手段。

[18] 愀（qiǎo）然：忧惧的样子。

[19] 练丁：清代，于正规军外，就地征选丁壮训练成地方武装，称团练。其兵丁称练丁。

[20] 见（xiàn）梦：托梦。

[21] 财用：财物。

[22] 迹：追寻。

[23] 侈荡：由于大肆挥霍而耗尽产业。

[24] 浇薄：浮薄，不厚道。

[25] 刚燥：同“刚躁”。刚强急躁。 执谬：同“执拗”“执抝”。坚持己见，固执任性。 巧滑：机巧油滑。 庸鄙：平庸鄙俗。

[26] 陈平（？—前178）：汉初阳武（今河南省原阳东南）人。少时好黄老之术。汉初大臣，封曲逆侯。文帝时任丞相。

[27] 道家：以老子、庄子关于“道”的学说为中心的学术派别。

[28] 巧诈：机巧而诈伪。

[29] 拘严：拘谨严肃。 褊隘：狭隘。心胸、气量、见识等不宽广。

[30] 希贤希圣：效法贤人、圣人。

大凡处家庭之间，内宜和，和之道在忍。即兄弟式好无尤[1]；不痴不聋，不做阿家翁是也[2]。外宜严，严即整齐之意，非一味严厉也。如长幼有序，夫妇相敬，子弟出必告、反必面之类是也[3]。夫规矩如错，即为乱阶[4]。即如闲言语轻慢出口，或谑或詈，亦堕家教。《易·家人》卦曰：“君子言有物，行有恒[5]。”又曰：“家人嗃嗃，悔厉吉；妇子嘻嘻，终吝[6]。”此之谓也。

注释

[1] 式好：骨肉和好。 无尤：没有过失。

[2] 阿家（gū）翁：即阿家阿翁。妇对丈夫父母的称谓。

[3] 反必面：反，返，回；面，颜面，脸。反必面，外出

回家之后一定要面见父母。

[4] 乱阶：祸乱的来由。

[5] “君子”二句：原文是：“君子以言有物而物有恒。”大意是，君子应该言语有具体内容，行为应贯彻一定的准则。

[6] “家人”四句：这段话的大意是，如果治家过于严厉，难免会悔恨治家过严，但最终还是吉祥的；如果治家不严，妻子儿子嘻嘻哈哈，最终会有灾难。

谋生之术以利稳而能持久为主，不在所获多寡。故商不如工，工不如农。天下有农世其业者，未闻工商能世其业也。若士以笔耕糊口[1]，犹有沿袭数代者。及出仕受禄，盛则难继，衰则不振。我乡俗谚：“一代作官，二代打砖。”言子孙作窃盗也。谑虽虐，固贪吏之报如此。起家之法则农工皆不如商，商不如士。商人殷富易，使子弟读书上进，然成毁各半，不如书香世家，用功易得门径。故宦家子弟能不脱秀才本色而又勤理田亩，深知稼穑艰难，其家业可保有兴机无衰象也。前人重“耕读”二字，有以哉[2]！

予童年侍我祖父祖母侧。祖父曰：“人言报应无凭，试观各县差役，皆年壮人，何无后者之多也?”祖母曰：“闻县差有彭光前者，生六子，或者积有阴德耶?”祖父曰：“子虽多，待养待教，此时不敢遽信。”迨予十余岁时问之，六子皆亡矣。

大凡富贵家之祖宗皆敦厚有品，茹辛食苦，迨后代富贵，子孙愈显。即渐浇薄，自甘暴弃又转入贫贱[3]，此常理也。富贵之家苟能世守敦厚，不忘贫贱素风，则后世虽微，尚不遽至大败。《易》曰：“先天而天弗违，后天而奉天时[4]。”此道也[5]，非特人道也[6]。山川草木，何莫不然？地理书言[7]：“大干龙磅礴雄厚[8]，脊宽平如牛背不起峰峦[9]，必分数大枝远出。迨起高峰，一跌一耸，则将结局收束矣。气脉厚者复起[10]，祖山雄视一方[11]，又分枝远出，其必聚而后散，落而后起者，势也。又如花木，由根而干，由干而枝，由枝而花。待花放时，此枝气已泄矣。然根之固者，花开自繁。培养得宜，来年花必复盛。今人只爱赏花而不知培根，妄其本矣。

注释

[1] 笔耕：以笔代耕，即靠作文字工作维持生活。

[2] 有以：有道理。

[3] 暴弃：糟蹋。

[4] "先天"二句：出自《易·乾》。先天，先于天时而行事，有先见之明。这两句的大意是，（大人的作为）先于天时（而不违背天的法则），天不会背弃他；后于天时，则顺应天时的规律。

[5] 道：自然规律，事理。

[6] 特：只，但。 人道：为人之道。

[7] 地理书：此泛指有关风水的书籍。

[8] 龙：风水术中，龙为山势之意（因山形地势逶迤曲折）。

[9] 脊：即"地脊"，大地的脊梁。指山。

[10] 气脉：风水家对山水走向中的灵气的称谓。

[11] 祖山：祖宗坟地。

卷七　葆　生[1]

或问：养性养身[2]，一道耶？曰："性乃气之帅也。养性为主，养身次之。如人贪酒色必病且死，嗜肥甘则壅气损寿[3]，溺名利则劳苦忧郁。七情皆不得其正[4]，其害尤甚。以躯壳陷嗜欲之中[5]，譬如架空度日[6]，瓶花盆草无土以培其根，安能久存？

问：人有贤明而夭折者，何也？曰：天地之气清明无缺[7]，受之者自有偏全。人与畜分、贤与愚分是也。受之者复有厚薄，蟪蛄木槿、龟鹤松柏是也[8]。昔人言，贤人受气清而不厚则不寿，如颜子是也。且言，上古时，人有数百岁者，中古有百余岁者，譬若野生参术[9]，得气独厚也。

问：卫生之道，谨嗜欲、节饮食、慎寒暑、惜劳苦可矣。专言养性，自来忠孝节义之士，葆其性而丧其生者多矣。二者岂非相反？曰：书言"战阵无勇非孝"与"不敢毁伤"是一道理[10]；"杀身成仁"与"邦无道免于刑戮"亦是一道理[11]。文文山身遭困难[12]，坐囚室中数年不死，临难时神色坦然，性定而理明也。若专讲养身，必迷入嗜欲一途。君子视养生为性，分中当然之事[13]，非仅为却病延年也，岂可为养身而丧其性？孔子曰："朝闻道，夕死可矣[14]。"孟子曰："夭寿不二，修身以俟之，所以立命也[15]"今人每贪服饵、学吐纳[16]，以求长生。王阳明曰："人而不知为人之道，即活数百年，与数百年禽兽何异？"

注释

[1] 葆（bǎo）生：葆，通“保”，抚养，保持。葆生，意为保持天性、摄养身心。

[2] 养性：涵养本性。 养身：摄养身心，以期保健延年。

[3] 壅（yōng）：堵塞，不流通。

[4] 七情：人的七种感情或情绪，儒家以“喜、怒、哀、乐、爱、恶、欲”为七情；中医以“喜、怒、忧、思、悲、恐、惊”为七情。 正：纠正，修正，使之合乎常情。

[5] 躯壳（ké）：身体。相对于精神而言。

[6] 架空：比喻虚浮不实、没有基础。

[7] 清明：轻清之物，清澈明朗。

[8] 蟪蛄（huī gū）：蝉的一种。庄子在《逍遥游》中以“朝菌不知晦明，蟪蛄不知春秋”喻其生命短暂。 木槿：落叶灌木或小乔木。夏秋开花，朝开暮落。 龟鹤松柏：古代以“龟龄鹤算”和“松柏常青”比喻人长寿。

[9] 参术（shēn zhú）：此指人参和白术，均为多年生植物，可入药。

[10] 书：此泛指《礼记》《孝经》《论语》《孟子》等儒家经典。 战阵无勇非孝：出自《礼记·祭义》。大意是，在战场上不能奋不顾身不能算孝。 不敢毁伤：出自《孝经·开宗明义》。原文是：“身体发肤，受之父母，不敢毁伤，孝之始也。”意为要爱护自己身体的一发一肤。

[11] 杀身成仁：出自《论语·卫灵公》。大意是，为了

“仁”这一最高的道德标准而不惜舍弃自己的生命。

邦无道免于刑戮：此语大意出自《论语·宪问》。原文是：“邦无道，危行言孙。”意为，国家政治黑暗，行为仍要正直，说话则要随和谨慎（以免招来杀身之祸）。

[12] 文文山：即文天祥。

[13] 分（fèn）中：分内。

[14] “朝闻道”二句：出自《论语·里人》。朝（zhāo），早晨；道，道理，真理。此二句意为，早晨听到了真理，晚上死掉都可以。

[15] “夭寿不二”三句：出自《孟子·尽心上》。大意为，不论短命或长寿都（对保存善心）毫不怀疑动摇，只是修身养性以待天命的抉择，这就是安身立命的方法。

[16] 服饵：服食丹药。此为道家的养身延年之术。 吐纳：吐故纳新。此为道家的养生之术。

问曰：饮食中不可求长生耶？曰：人恃空气而生，非专恃饮食而生。人有十余日不食而不死者，闭其口鼻，一瞬绝矣。天地空中之气遍布于万类，人之腹内腹外，皆赖此气呼吸而活如橐籥，然饮食则助其鼓动之力耳。饮食淡则气清，肥腻多则气浊。浊重则气滞，呼入之清不胜其呼出之浊也。

问：人身与空气，分彼此对待耶？曰：否。人腹内具此气，一身骨血皆具此气。西人测，草木叶上皆有小孔吞吐空气；人身毛孔亦然。予童年，眼极明。坐室中，见日光内游尘如断丝，纷扰不已。初疑为灰土簸扬，及随处察之，皆然。问我祖父曰：“此何物？将不坌入我腹中耶[1]？”祖父笑曰：“此气也。俗语：‘人在灰中不吃灰，鱼在水中不吃水。’”始悟空中皆元气弥满。

后数年，读贾岛《贫士》诗有曰“窗里日光飞野马[2]”，即游尘也，乃悟。此事惟贫士知之，富贵劳扰中人不知也。人赖天地之气而生，此气固无一息停顿，自一呼一吸，由朝至夜，由少而壮、而老、而病且死，皆是此气所为。死而散，散而复聚而生，亦是此气所为。人若不顺此气而行，或乱或逆，即丧身，即悖道。气之翕辟即阴阳自然之理[3]。理不可见，于气见之。

予童年，喜于溪中摸小鱼养于盆中。盆小鱼多，一宿皆死；盆大鱼少，二三宿死；以极大之盆，置于风日之中，则十余日不死。以此知水中之鱼，皆恃清气而生。近人测水中系轻养二气，然无空气鼓荡，轻养亦失其性。西人谓船舱须高宽八尺，乃容一人呼吸。予谓船行空旷之中尚须八尺，则处市井湫溢之地[4]，应加一倍。人能知受空中清气[5]，则于卫生之道思过半矣[6]。

注释

[1] 坌（bèn）：一并，一起。

[2] 贾岛（779—843）：唐代诗人。字阆仙，一作浪仙。范阳（今河北省涿县）人。屡举进士不第。其诗多写荒凉枯寂之境，多有寒苦之辞。有《长江集》。

[3] 翕（xī）辟：开合，启闭。

[4] 市井：古代城邑中集中买卖货物的场所。

湫（jiǎo）隘：低下狭小。

[5] 受：接取，容纳。

[6] 思：助词。此用于句中。

问：医药不施于圣贤耶？曰：药亦辅相裁成事也[1]，但不可不慎。凡人生机充足[2]，偶患感冒，其身之生机自能去疾。如：病寒，自然思暖；病滞，自不思饮食；患疮疡，自然泄脓结痂。惟疾重，宜用药力助之，或久吸清气运动亦愈。服药多而杂，必不对症，反伤生矣。我幼家贫，非遇节期客至不设酒肉[3]。余偶病初愈，我父属厨人买猪肚食我[4]，曰："食此则饭量复元，不可食肥腻。"每朔望[5]，分予猪肉四两，予视工人苦者暗与之。殆终年不食肉矣。弱冠后遭乱从军[6]，常念先人之言，不改常度。有一友同食则一肉，有三友则二肉。只市肉[7]，不自杀生。若独食，则仍蔬饭。迨四十以后出仕，间用腥[8]，亦不肯多食。偶赴宴席食腥数种，则夜梦不宁。肉能昏神，尤甚于酒，葱蒜韭薤亦然[9]。

我孩提时戏菜圃中，我母告我曰："凡植物茂生[10]，须五风十雨[11]。"予曰："多用粪草壅之何如[12]？"母曰："物有所宜。如：菜初生，宜浇清水；稍长，可以淡粪灌之；迨壮，始加浓粪。如小儿初食乳，后食粥，后食蔬饭。若食荤太早，则伤生矣。蔬菜各有性质，如：苋菜菠菜弱植[13]，粪多则萎；茶叶兰花清品，不可浇粪；葱蒜热性，粪多可也。养蔬宜肥不可过肥，过肥则脆，遇久雨久晒皆死。浇水宜待日落，午浇则冷热相激，必伤根。浇粪宜待天旱将雨，否则粪气不化。人须饮食有节，起居有常，物亦然也，不可错乱"云云。予幼年记性颇强，今犹忆此语，拈此示尔等[14]，可悟养生之理。

注释

[1] 辅相（xiàng）：辅助，帮助。 裁成：筹谋而成就之。此意为完成（治病，康复）。

[2] 生机：生命力，活力。

[3] 节期：节日。

[4] 属（zhǔ）：通"嘱"。请托。 猪肚（dǔ）：用作食物的猪的胃。 食（sì）：给……吃。

[5] 朔望：农历每月的初一、十五日。

[6] 弱冠（guàn）：二十岁。因古人二十岁初加冠而体犹

未壮，故称。

[7] 市肉：市，购买。市肉，买肉。

[8] 用腥：吃荤菜。

[9] 薤（xiè）：俗称“藠（jiào）头”。鳞茎可作蔬菜，干燥鳞茎（薤白）可入药。

[10] 茂生：繁盛。

[11] 五风十雨：五天刮一次风，十天下一次雨。用以形容风雨调和。

[12] 壅：在植物根部培土或施肥。

[13] 苋（xiàn）菜：一年生草本，茎叶可食。 弱植：柔弱。

[14] 拈（niān）：拿。

余幼遭粤匪之乱，屡经水火刀兵不死，幸也。避乱时，每预自筹划，能揣贼踪所向而遥避之。有时不得已冒险直前，遇贼，或诡计而脱，或遇救而还，皆恃才气用事，大乖登高临深之意[1]。十八九岁时，一日能行一百二三十里，或夜行三四十里，磷火纷扰我前[2]，我行自若。鬼物扑我灯，忽闪忽敛，我辄怒掷，灭其灯。十余岁读书塾中，空屋十余间，夜无伴，有狐魅时作响动[3]，我必厉声诟之[4]，必使声止而后已。此皆少年盛气，可付一笑。毫无道理，尔辈皆宜以为戒。

朱子言：“星命家推算八字[5]，其理太粗。”信然。即邵子《皇极经世》[6]，亦只信其理，不敢信其数[7]。孟子曰：“知命者不立岩墙之下[8]”。与世人言命之恉大异[9]。君子惟保其不可知之命而已。意外得失，圣贤难必[10]。苟如星命家所言，则人皆知所趋避矣[11]。造物岂有如此刻板文字使人抄袭耶[12]？余生平所遇得失常出意外，从未遇日者言及[13]。尝见大福大贵人，以及无枉而受屈者，亦俱未闻推出[14]。偶有射中[15]，乃极粗浅之说。

尔辈若不明大道[16]，必致胸中漫无主张，误信星命，趋避失宜。能明大道，非特此等事不信，即天文占验与一切禨祥之说[17]，皆视如盲词梦呓矣[18]。

幼年闻人言，江南乡试场中[19]，出“人，莫不饮食也”二句题，作者多解析不明[20]。余曾戏为解曰：“中庸之道出于天，存于人心。和平公正，绝无可惊可愕之事。譬之饮食养人，端恃五谷[21]。而五谷气味皆平淡无奇。人之脾胃祗惯纳此平淡之味，所以津液润于腠理[22]，呼吸通于空际[23]。即偶用五味菜品[24]，所以侑送五谷入腹[25]。若专以五味充饥，人安能生？今人每嗜甘脆肥酞而不重视五谷[26]，是不得味之正。亦如人心日汩没于嗜欲之中[27]，违悖天道而不自知也。天道悖，人心之生理绝矣；肥甘重，人身之生理伤矣。惟世人不能专用肥甘而充腹者，亦犹人心不能全昧天理之故。此即夫妇之愚可以与知[28]，中庸之义也。”闻者颇笑，以为迂而不缪[29]。

注释

[1] 大乖：乖，背戾。大乖，大大地违背。 登高临深：“登高履危”与“临深履薄”的缩语。比喻诚惶诚恐，戒慎恐惧。

[2] 磷火：俗称鬼火。旧传为人畜死后血液所化，实为动物尸骨中分解物的自燃现象。火焰淡蓝绿色，浮游空中，于暗夜时可见，给人以阴森之感。

[3] 狐魅：狐妖。旧说，狐能化作人形而作祟，故称为“狐魅”或“狐妖”。

[4] 诟：责骂呵叱。

[5] 星命家：旧时推算天星运数与人寿命运之间关系的人，他们认为，人的祸福寿夭与天星的位置、运行有关，因此根据人的生辰八字，来推算人的命运，附会

人事。　八字：星命家将人的出生年、月、日、时辰，各配以天干地支，每项二字，共八个字，据以推算人的命运。

[6]　邵子：即邵雍。　《皇极经世》：邵雍的代表作。十二卷。内容包括宇宙起源论、自然观、历史观和社会政治理论等。带有浓厚的神秘主义和宿命论色彩。

[7]　不敢：不可，不可以。　数：历数。

[8]　知命者不立岩墙之下：出自《孟子·尽心上》。岩墙，将要倾倒的墙。此句意为，懂得天命的人不会站在快要倾倒的墙壁下面。

[9]　恉（zhǐ）：旨意，意图。

[10]　难必：难以肯定。

[11]　趋避：此指趋利避害、趋吉避凶。

[12]　造物：创造万物的神。　刻板：比喻因循、呆板。　抄袭：此指不顾实际情况，照搬现成的思想、说法、经验等。

[13]　日者：古代以占候卜筮为业的人。

[14]　推：推断，推算。

[15]　射中（zhòng）：猜中。

[16]　大道：正道，常理。

[17]　占验：占卜的结果得到应验。此指占卜。　玑（jì）祥：祈禳（ráng）求福，祈求祭祷、求福消灾。

[18]　盲词：旧时的一种民间说唱文学。因说唱者多为盲人，故称。　梦呓：睡梦中说的话。比喻胡言乱语。

[19]　乡试场：乡试，科举考试名，清代每三年一次，在各省省城举行，中试者称举人。乡试场，乡试的考场。亦称“乡场”。

[20]　解析：解释分析。

[21] 端：全，都。

[22] 腠（cóu）理：中医指皮下肌肉之间空隙和皮肤、肌肉的纹理。认为此是渗泄和气血流通、灌注之处。

[23] 空际：空中。

[24] 五味：此指酸、甜、苦、辣、咸五种味道。

[25] 侑（yòu）：助，佐助。

[26] 甘脆肥酞（nóng）：指美味佳肴，厚味佳肴。

[27] 汩没（gù mò）：沉溺。

[28] 夫妇：此犹言匹夫匹妇，指平民男女。 与知：与闻。

[29] 迂：迂腐。 缪（miù）：错误，乖误。

卷八　延师

为子弟延师[1]，须选品学兼优之人。即一时不得宿儒[2]，亦须延端谨通达之士[3]。礼貌不可稍衰，课程必有定则[4]。倘延有文无行者为师[5]，贻误不浅。语云："近朱者赤，近墨者黑[6]。"又曰："与善人处如入芝兰之室[7]，久而不闻其香，与恶人处如入鲍鱼之市[8]，久而不闻其臭。"人鬼关一经误投[9]，不易脱出矣。

余童年就外傅[10]，王介和应兆先生尝戒余曰[11]："乡间蒙童[12]，昼入学，晚归家，每与村夫牧童游戏，言语行止不觉日堕于放僻邪侈之中[13]。尔可夜宿塾中，勿与彼辈相近。"予谨守之。即出游遇愚夫，未尝以戏语村言加之[14]。

《论语》曰："三人行，必有我师[15]。"凡交游往来及家中所用一切人，皆宜选朴实一流。

《论语》"泛爱众，而亲仁"句[16]，宜终身由之[17]，不独子弟应尔。今人每喜与己性近者游[18]，且常爱其不胜己者，是一大弊也。

人能立志勤学，随处皆得师资[19]。如闻人一善言一善行，皆当谨记参悟[20]。即其人不足取，而言可为法，亦默取之。语云："善人者，不善人之师；不善人者，善人之资[21]。盖无处而不受益矣。试观善画者，见人家厅堂悬美画一帧，则心摹而手拟之；

好吟者，见壁中有佳句，亦心羡之[22]。何况读书求道之人[23]？特患不立志耳。

注释

[1] 延师：聘请老师。

[2] 宿儒：老成博学之士，素有声望的学者。

[3] 端谨：端正谨饬。　通达：通晓，洞达。

[4] 定则：法则，规则。

[5] 有文无行（xíng）：虽有文才而品行不好。

[6] 近朱者赤，近墨者黑：接近朱砂容易变红，接近黑墨容易变黑。强调环境的巨大影响。

[7] 善人：此指有德之人，品德好的人。

[8] 鲍鱼：盐渍鱼，其气腥臭。

[9] 人鬼关：即人门关鬼门关。鬼门关，此泛指凶险之地；人门关，与鬼门关相对。

[10] 外傅：出外就学所从之师。与内傅、家塾塾师相对。

[11] 王介和应兆先生：王先生，名应兆，字（号）介和。

[12] 蒙童：此指刚刚开始识字读书的儿童。

[13] 放僻邪侈：肆意为非作歹。

[14] 村言：粗俗的话。

[15] “三人行”二句：出自《论语·述而》。大意为，三人同行，其中一定有人可以作为我的老师。应善于向别人学习，取长补短。

[16] 泛爱众，而亲仁：出自《论语·学而》。大意为，广泛地爱护大众，亲近有仁德的人。

[17] 由：用。

[18] 游：结交，交往。

[19] 师资：可以效法或者可以引以为戒的人和事。

[20] 参悟：领会。

[21] “善人者”四句：资，取，用。此四句意为，品德高尚的人，是品德不够高尚的人的老师；无德之人，是有德之人的鉴戒。

[22] 羡：羡慕，因喜爱而希望得到。

[23] 求道：追求事理，修养道德。

卷 九　婚 娶（兼阃教）

程子曰："婚姻论财[1]，夷虏之道[2]。"我乡向无此恶习，然未免拣择贫富。此俗见，终不能免。程子又曰："嫁女必须胜我家者，娶妇必须不若我家者。"此为使妇必敬必戒之意[3]。然人事天缘，不能一概拘执[4]。俗语："朋友一世，亲戚三世。"后来贫富安能预度？惟择其人家存心忠厚，治家有礼法者为主义[5]。

《论语·公冶长》章重在"免于刑戮"[6]。论理不论气数[7]。理得则气数自不能外。

世俗择婚，先托媒妁取男女八字，命日者推之。此俗见也。八字何尝有一毫灵验？予家历不信此[8]，惟娶妇可照此行。若嫁女于人，不得不听人家推命[9]，各主其事，且防闺门后言[10]。

余叔岳吴凤台先生曰："嫁女必择勤俭朴厚人家。观其事事着实[11]，今时虽贫，将来必发。若慕富贵联姻，不问其人存心作事如何，纵一时薰焰逼人[12]，迨我女嫁时，彼家运已中落[13]，我女适当其厄[14]。更有富贵子弟骄妄作孽，致闺门不睦者"云。此语亦可劝世。

尝见有人家择婚必求女长于男[15]，谓繁嗣育[16]。此亦俗见。然总不可过三岁。宣化恶俗早婚[17]，有女长于男十岁八岁者，酿案不少[18]。予尝严檄出示禁之[19]。

我父尝言："每见朋友指腹联婚[20]，后来悔不可追。大抵儿女须过十岁，彼此性情品貌已定，方为择配，庶少后悔。迎娶必过十八岁。尝见早婚多不寿”云云。此语足以训后。

道光年，有某巡抚娶媳入门即忧形于色。家人曰：“新妇美秀而文[21]，可宜家也[22]”。某巡抚曰：“坤德宜厚[23]。惟其美秀而文，虑不能宜家也”。后，其妇别无失德[24]，惟不知勤俭持家，又性妬无子，家遂中落。此可以戒重色不重德者。

注释

[1] 论财：计较财物。

[2] 夷虏：当时中原地区华夏族对其他民族的蔑称。

[3] 必敬必戒：十分敬戒。

[4] 拘执：拘泥、固执。

[5] 主义：对事情的主张。

[6] 《论语·公冶长》章重在“免于刑戮”：《论语·公冶长》章的前两段的大意为：孔子在谈论公冶长时说：“可以把女儿嫁给他，他虽曾入狱，但那不是他的罪过。”于是把自己的女儿嫁给了他；孔子在谈论南容（南宫适）时说：“在国家政治清明的时候，他总有官做；在国家政治黑暗的时候，他也没有遭到刑戮（刑罚）。”于是把自己哥哥的女儿嫁给了他。

[7] 论理：按照道理。

[8] 历：历来，从来。

[9] 推命：推算命运，算命。

[10] 闺门：内室之门。此指家庭中的妇女们。　后言：背后訾议。

[11] 着实：实在。

[12] 薰焰：气势极盛。　逼人：侵袭人的肌体。

[13] 中落：中途衰落。

[14] 适：恰好。 厄：灾难，困苦。

[15] 女长（zhǎng）于男：女方比男方的年龄大。

[16] 繁：多。 嗣育：生育。

[17] 宣化：今河北省宣化县。

[18] 酿案：造成涉及法律的事件。

[19] 檄（xí）：用檄文（古代文告的一种）晓谕。

[20] 指腹联婚：同“指腹为婚”“指腹为亲”。包办婚姻的一种，指双方尚在胎中，由父母预定，如为一男一女，即成立婚约。

[21] 新妇：新娘子。 美秀：美好秀丽。 文：柔和，文静。

[22] 宜家：家庭和睦。

[23] 坤德：此指妇德。即妇女贞顺的德行。 厚：敦厚，厚道。

[24] 失德：过错，罪过。多指大过。

今人有一子双祧[1]，而两家为之娶妇，谓皆嫡妻[2]。误也。国朝准一子双祧[3]，乃特典也[4]。应以先娶者为妻，后娶者为妾，自古焉有一夫二妻之例[5]？

欧美澳各洲，例限一夫一妇，妇死方准续娶。妇不法，必经官断离[6]，乃可另娶；无买妾、过继、乞养子之律[7]。无子各听天命，此由宗教推及国政，不可谓非治国之道[8]。中国礼法、习俗不同，要不可忘一阴一阳为道之义。宠妾弃妻，悖天道干国法矣[9]。《易·睽》卦曰：“二女同居，其志不同行[10]”。人无贤妻，不可纳妾。必不得已而为之，须明名分[11]，守礼法。若纲纪不正，全家水火[12]，祸且贻于后世。尝见旗人有妻死不续娶，扶妾为正室者[13]。予问其故，言仆婢众多，非此莫能督也[14]。后妾死，丧葬礼略如正妻[15]。男女服仍遵庶母例[16]，不视为继妻也。此亦非礼之礼。尝考晋周伯仁之母络秀及杜预故事[17]，皆系待妾恩礼如嫡。如《左传》齐桓公如夫人者六[18]，谓优异如夫人[19]，非谓灭夫人而以妾为夫人[20]；如后世嬖宠妾婢[21]，逐嫡而立庶也。

国朝准妾之所生子、所养子得以其本官请封[22]，已属旷典[23]，安可以妾夺嫡之名分？此为乱阶。贵之适所以贱之也[24]。

尝见我皖某姓[25]，妻无子。殁后，不得附葬祖茔[26]，人皆谓其家法过严。妻无出，劝夫纳妾或立亲属为后未为失德[27]，不得袭七出之义[28]。

注释

[1] 双祧（tiāo）：又称“兼祧”“两房合一子”。即一子兼作两房（两个宗族分支）的承继人。

[2] 嫡妻：正妻。

[3] 国朝：本朝。此指清朝。

[4] 特典：特殊的恩典。

[5] 例：成例，旧例。

[6] 断离：经官署判处中止婚姻关系。

[7] 过继：过房。无子而以兄弟的或同宗族兄弟辈的儿子为后嗣。　乞养：收养。

[8] 道：事理。

[9] 干（gān）：干犯，关涉。

[10] “二女同居”二句：出自《易·睽》。大意为，两个女人同住在一起，是不能协调的。

[11] 名分（fèn）：名位与身份。

[12] 水火：此意为成水火不相容之势。

[13] 扶妾：将妾扶正。妻死后，将妾作妻。　正室：正房，正妻。与偏房、侧室相对。

[14] 督：治理，整理。

[15] 略如：大致如同。

[16] 服：此指丧服。　庶母：父亲的妾。

[17] 周伯仁：即周顗（yǐ）。字伯仁。晋代安城（今属河南省）人。官至尚书左仆射。　络秀：李氏。周浚之妾，周颉（伯仁）之生母。汝南（今属河南省）人。生三子颉、嵩、谟，中兴时并列显位。　杜预：晋代杜陵（今属陕西省）人。字元凯。博学多通。官度支尚书，封当阳县侯。

[18] 《左传》：亦称《春秋左氏传》《左氏春秋》。儒家经典之一。旧传为春秋时左丘明所撰。　齐桓公（？—前643）：春秋时齐国国君。姜姓，名小白。公元前685—前643年在位。任用管仲进行改革，国力强盛。多次大会诸侯，订立盟约，成为春秋时第一个霸主。　如夫人：据《左传·僖公十七年》载，“齐侯好内，多内宠，内嬖如夫人者六人。”原意为“如同夫人”，后以之为妾的代称。

[19] 优异：特别优待。　如夫人：此意为如同夫人一样。

[20] 灭：除尽，使不存在。

[21] 嬖（bì）宠：宠爱。

[22] 本官：原任的官职。相对于兼任的官职。　请封：请求封典。请求帝王以爵位、名号赐予臣下家属的荣典。清制，一品官其曾祖父母以下均有封典；三品官以上封其祖父母以下，七品官以上封其父、母及妻。

[23] 旷典：前所未有的典制。

[24] 贵之适所以贱之：适，恰好。本句意为，本欲使之贵却恰恰起到使之贱的作用。

[25] 皖：安徽省。因境内有皖山（天柱山）而得名。

[26] 附葬：合葬，陪葬。此指棺柩不准埋入祖坟的坟地。

[27] 后：后代，继承人。

[28] 七出：古代社会丈夫遗弃妻子的七项条款。这是封建宗法制度迫害妇女的借口。其具体内容有二说：①不孝顺父母、无子、淫僻、嫉妒、恶疾、多口舌、窃盗；②无子、淫佚、不事舅姑、口舌、盗窃、妒忌、恶疾。　义（yí）：仪制，法度。

无子者自应立嗣，功令先尽同父周亲[1]，次以服制旁推[2]，言其常也。继言，嗣子不得于所后之亲，听告官别立贤爱，通其变也[3]。

圣朝矜怜无告孀妇[4]，立继听其自主[5]，虽独子亦所不禁。体恤之恩至周且渥[6]。彼贪财争继者，皆是丧心忘本之人，岂能昌后？故为人后者，总以勿问财之多寡、有无为贤。

抱养义子，名分同所生，可以平分家产，惟谱牒须注明养子[7]，不可冒称亲生子，致犯异姓混宗之例[8]。

人家富贵时尚能优待贫贱亲戚[9]，其家发福必远[10]。妾有子孙者，其母家贫穷亦宜量加体恤[11]，但不必常往来。

注释

[1] 功令：（国家）法令。此指有关立嗣的法令。　尽：尽先。此指让同父周亲占先。　同父：同一父亲所生的。即兄弟。　周亲：至亲。

[2] 服制：丧服制度。按亲疏关系服不同的丧服。此指按血亲关系的远近。

[3] 通其变：即“通变”。不拘常规，适时变化。

[4] 圣朝：对本朝的尊称。　无告：孤苦而无处投诉。　孀妇：寡妇。

［5］ 听：听任，听凭。

［6］ 至周：极为周到。 渥（wò）：优厚。

［7］ 谱牒：记述氏族或宗族世系的书。

［8］ 异姓混宗：不同姓氏的人使宗族的血统混乱。

［9］ 尚：连词。倘若。

［10］ 远：长远，久远。

［11］ 量：酌量。引申为适当，有限度地。

夫妇一伦关系父子兄弟最重[1]。闺门不和，慈孝之道皆亏，居心亦大不恕。白香山诗曰[2]："人言夫妇亲，义合如一身。及至死生际，何曾苦乐均？妇人一丧夫，终身守孤孑[3]。有如林中竹，忽被风吹折。一折不重生，枯死犹抱节[4]。男儿若丧妇，能不重伤情？应似门前柳，逢春易发荣。风吹一枝折，还有一枝生。为君委曲言[5]，愿君再三听。须知妇人苦，从此莫相轻。"

注释

［1］ 伦：一类人与人的关系。

［2］ 白香山：即白居易。

［3］ 孤孑：孤单，孤独。

［4］ 抱节：坚守节操。

［5］ 委曲：委婉，婉转。

卷十 卜葬

自古圣贤言葬仪、葬服、葬期，不言葬地。历观古墓，非不择地而葬，但取山水平正[1]，地近都邑，便于祭扫而已，绝无希图后福之见。后世信之笃，择之精，谋之愈劳，而拙识见并不胜于前人[2]。汉魏有相地书失传[3]，惟晋郭璞著《葬经》[4]，唐以后遂有杨曾、廖赖诸人宗其旨而阐演之[5]。儒者多鄙其书，不足道。余观宋儒周濂溪葬其母于九江城外[6]，形式颇与形家言合[7]。闻朱子葬其先世于闽，相度有法；蔡季通亦详其术。皆未见其茔地，亦未闻有著载传世[8]，想不以此为经世之学也[9]。孔子曰[10]："小道必有可观，致远恐泥，是以君子不为[11]。"其此之谓欤？近日俗师撰述日多[12]，动以祸福动人[13]，语益支离[14]，觉明张宗道《训子经》、周景益《山洋指迷》分晰龙穴稍清[15]，然说来说去无非前人陈言。至造化祸福之应有不关于葬地者，则未窥见也。考晋郭璞，为人放诞不经[16]，其为王敦所杀[17]，原非其罪，究昧不立岩墙之义[18]。《南史》载[19]：张裕曾祖澄当葬父[20]，郭璞为占墓地曰："葬某地，年过百岁，位至三公而子孙不蕃[21]；某处，年几减半，位才卿校[22]，累世贵显。"澄遂葬其劣处，位光禄[23]，年六十四而亡，其子孙蕃昌云。此语当是张氏子孙所述，令狐德棻喜采此等杂说入史[24]，究难十分确信。自古几见有位至三公而寿逾百岁者耶？然张氏获福，郭言已验。其术已精绝矣。书史中言葬地应验颇多，皆指已发者而言[25]。其中亦有附会[26]，地以人重，不可尽信。惟人子相地葬亲是一大事[27]，自有当尽之道，不可草率，不可执迷，量力从稳当处做去，不可妄生希冀。悖道求福，是妄人也。

注释

[1] 但：仅，只。

[2] 拙：自谦之词。 识见：见解，见识。

[3] 相（xiàng）地书：研究住宅、墓地风水以定吉凶的迷信书籍。

[4]《葬经》：疑为《葬书》。旧题晋代郭璞撰。《宋史·艺文志·五行类》著录，一卷。真伪不可考。宋、元方术家竞相粉饰、删削。内容主要是阐述墓穴吉凶，葬地的风水抉择之类。在古代也为儒者所鄙视。

[5] 阐演：陈述推演。

[6] 周濂溪：即周敦颐（1017—1073）。字茂叔。北宋哲学家。道州营道（今湖南省道县）人。官大理寺丞、国子监博士。因其筑室于庐山莲花峰下的小溪上，取营道故居“濂溪”以名之，故后世称之为“濂溪先生”。 九江：元末朱元璋改江州置九江府，清因之，今属江西省。

[7] 形家：以相度地形吉凶，为人选择宅基墓地为业的人。也称“堪舆家”。

[8] 著载：著作记载。

[9] 经世：治理国事。

[10] 孔子曰：以下这段话出自《论语·子张》，是记录子夏的话。这里说“孔子曰”，疑误。

[11] “小道”三句：出自《论语·子张》。原文是：“虽小

道，必有可观焉，致远恐泥，是以君子不为也。”道，技艺，才能；泥（nì），滞而不通。这段话的大意是，即使是小技艺也一定有可取之处，但恐怕对远大的事业有所滞碍，所以君子不做这些事。

[12] 俗师：此指浅薄凡庸的术士。

[13] 动以祸福动人：动，往往，常常；动人，引人注意，打动人心。动以祸福动人，往往用（耸人听闻的）祸福来打动人心。

[14] 支离：离奇，虚妄。

[15] 分晰：分辨清楚。　龙穴：堪舆家所谓山的气脉集结的地方。这里穴为墓穴。

[16] 放诞不经：行为放任，无所约束。

[17] 王敦：字处仲。晋代临沂（今属山东省）人。娶晋武帝女襄城公主为妻，拜驸马都尉。官至征南大将军拜侍中，领江州牧。欲专制朝廷，晋明帝曾起兵讨之。后病死。

[18] 昧：不了解。　岩墙：有倾倒危险的墙。

[19] 《南史》：纪传体史书。唐李延寿撰。凡八十卷。记载南朝宋、齐、梁、陈四代历史。

[20] 张裕：字茂度。南朝宋吴郡（今江苏省苏州市）人。官会稽太守。　澄：指张澄。张裕的曾祖父。

[21] 三公：太尉、司徒、司空为三公，是共同负责军政要事的最高长官。

[22] 卿校：此泛指地位低于三公的长官。

[23] 光禄：文散官名。光禄大夫的省称。无常事，备顾问，应对诏命。

[24] 令狐德棻（583—666）：唐初史学家。宜州华原（今陕西省耀县东南）人。官礼部侍郎、国子监祭酒，弘

文馆崇文馆学士。唐初书籍散佚，他建议购求，使专人补录。得以保存大批书籍。又建议修撰梁、陈、齐、周、隋等朝史记。主编《周书》，重修《晋书》等。 杂说：此指怪诞鄙俗之语。

[25] 发：发生，显现。

[26] 附会：勉强地将两件没有关系或关系不大的事物硬拉到一起。

[27] 相（xiàng）地：一种迷信活动。察看住宅、墓地风水以定吉凶。

余幼年不信风水之说，谓乡俗停柩久者皆大罪人[1]。塾师张健亭，酷信形家言。予作书辟之曰[2]：“自我祖宗以来[3]，阅世多矣[4]。由贫贱而富贵，由富贵而贫贱，盛衰之理根于人事[5]，循乎气运[6]，天地不能齐而一之也[7]。况以先人体魄为子孙求福，其心安可问耶？自古福分莫大于文王[8]，乃伯邑考不禄[9]，管蔡叛国[10]。圣如孔子而伯兄有疾[11]，伯鱼早死[12]。其他可知。且俗师多言福应，少言发贤裔者[13]。子孙不贤而富贵，岂不益遭天谴？”健亭曰：“理是也。俗人为子孙求福，仁人为安亲体魄，何可不慎？”余不敢辨[14]。

光绪四年[15]，予丁内艰[16]。自痛禄不逮亲，思所以报我母者，惟葬为重。因取形家书十数种遍阅之。读未竟，觉其支离、附会，多不可信。乃偕友遍阅近村山场[17]，茫然不解。后易数友，游山年余，见有形象可取者购得数处[18]。最后请桐城监生尹耐圃名定储者审视[19]。曰：“是，皆不可葬也。”予曰：“程子五不葬之说，只言后世不为城郭道路，不为耕犁所及、势家所夺云云，不必专求发福。但山谷阴寒，冀免水蚁耳。”尹曰：“程子之言为迷风水者而发，今欲免水蚁患，非慎择焉不可[20]。”予曰：“鄙见有五不买：一，距家百里之外；二，大族之旁；三，合族公地[21]；四，攒葬旧山[22]；五，山主欲索重价者。”尹曰：“是，非自隘其途耶[23]？”予曰：“公道求之，自有宽路。”

余随尹游山二年，略知地形。乃悟：乱后葬我祖父母、葬我父之地，皆虞水患。急欲觅地迁葬。每当旅店夜雨[24]，夜梦不安。尹慰予曰：“我必为尔成之。”嗣得数地，迁葬我祖父母于秧田坂之马鞍岭[25]，迁葬我父于沈家山；迁葬我叔父于邓家山虎形，以第三子学涵祔焉[26]。又逾年，葬我母于历山之枫林岵[27]。皆随缘成事[28]，绝不用权术谋买。后来，乡人见我家事稍顺，诧曰：“是家得吉地[29]。”予不敢信。但当时惟求先人体魄得安，而尹与我之眼力只能做到此地步，他非所计也[30]。

注释

[1] 停柩：此指灵柩在正式安葬前暂时停放。

[2] 辟：驳斥。

[3] 祖宗：此指始祖。即有世系可考的远祖。

[4] 阅：经历。　世：父子相继为一世。

[5] 根：根由。事物的本源。

[6] 循：依循，遵从。　气运：气数，命运。

[7] 齐而一之：即“齐一”。划一，统一。

[8] 文王：即“周文王”。商末周族领袖。姬姓，名昌。商纣时为西伯，亦称伯昌。在位五十年，国势强盛。曾解决虞、芮两国争端，使之归附，还攻灭黎、邘、崇等国。建立丰邑，作为国都。

[9] 伯邑考：周文王的长子。质于商。纣囚文王于羑里时，被纣烹以为羹并赐予文王食之。　不禄：夭折。

[10] 管蔡：即管叔鲜与蔡叔度。管叔鲜，文王第三子，周武王克商，封于管，曾挟武庚以作乱，被周公诛杀。蔡叔度，文王第五子，周武王克商封于蔡，曾挟武庚

以作乱，被周公迁放于郭邻。

[11] 伯兄：长兄。

[12] 伯鱼：即“孔鲤”。孔子之子，先孔子而卒，时年五十岁。

[13] 贤裔：圣贤的后代。

[14] 敢：谦词。冒昧。

[15] 光绪四年：即公元1878年。

[16] 丁内艰：丁母忧。遭逢母亲丧事。

[17] 山场（cháng）：泛指山地。

[18] 形象：形状，样子。

[19] 桐城：唐改同安县置桐城县。在今安徽省。 监生：明清时进入国子监就读的学生。 尹耐圃名定储：姓尹，名定储，字（号）耐圃。

[20] 焉：代词。之。

[21] 合族：全族。

[22] 攒（cuán）葬：聚集埋葬。 旧山：旧茔。

[23] 非：岂非，难道不是。 隘：使……狭窄。

[24] 旅店：旅舍，旅馆。

[25] 秧田坂（bǎn）：坂，山坡。秧田坂，地名。

[26] 学涵：即周学涵。作者的第三子。 祔（fù）：新死者附祭于先祖。

[27] 枫林咆（bāo）：山地名。

[28] 随缘：顺应机缘，任其自然。

[29] 吉地：风水好的墓地。

[30] 计：计虑，料想。

余四十年前，族叔作善公谓予曰[1]：“我族自唐宋以后少显达。幼闻长老言[2]，尧渡街头韩家滩金姓山上[3]，我族于乾隆年间买得股分[4]，葬国贵公及公之祖母舒氏同圹[5]，当时择葬地师为江西人。言：‘六十年后，裔孙必有发者。’或将在尔身乎?”并言当年买山迁葬事甚悉。予谢不敢承[6]。且曰：国贵公及公之祖母舒氏皆殁于明万历年间[7]，先葬江家林。乾隆中叶迁葬韩家滩。越年二百，公支下裔孙十余家，经粤匪大乱，仅遗三家，乃独荫小子耶[8]？逾十余年，尹耐圃遍阅各先墓曰[9]：“当日择葬此穴，地师颇有眼力，至发福迟早，则不敢知。或君先世阴骘独厚[10]，遭此大乱，衰极转盛。非无端而然也。”余闻之悚然[11]。

南陵何子永慎修先生[12]，道学也[13]，善相地。予往请教。曰：“《三字经》乃孩童读本[14]，到老时乃不可离，尔欲考求此事，但阅张宗道《训子经》可矣。”予问其要。曰：“俗言‘后有靠[15]，前有照[16]，两面有抱[17]，中有泡[18]’，即可葬。”余味其言颇是[19]。第人多误会[20]，所谓“只知抬头看山，不知低头看山”也。盖浅深随人眼力，吉凶视人心地。后世子孙苟能存心为善，自然得地[21]。切不可使力使诈，勉强图买，至久厝不葬[22]。

友人段小湖喆自言[23]：“为福建同知时[24]，恨民停柩者多，乃限期并葬之。一夜，梦无数鬼称恩叩谢。”

徐范庭广文曰：“族人某[25]，先葬其父于后河某山，信为吉地。后十余年母死，拟合葬，心疑不决。请乩仙示可否[26]，忽其父到坛骂曰[27]：‘尔葬我水窟中，骨将朽矣。今复并葬尔母耶?我生前教尔之言多矣，我殁后尔皆忘之，不孝孰甚！’某伏地大哭。后启圹，果水满，遂改葬。”余友宣城聂提督忠节公士成[28]，因葬地患水患煞[29]，曾附魂人身言“应改葬”以外[30]，亲友家亦间见此数事。由此观之，亡人不重视葬地，亦未尝不愿得善地。后世子孙如不谙地理，心中毫无主见，不可泥盲师之言[31]，乱葬山足[32]；不如择祖茔左近平冈坦地堂局端正者扦葬[33]，差免凶灾。各地理书皆言：山川结地有数，而人觅葬者无穷[34]。不必苦求吉壤，但得平原合局之地即可[35]。扦葬亦此意也。

注释

[1] 族叔：同族父辈而年幼于父亲的人的通称。　作善公：公，此为对尊长的敬称。作善公，即周作善。

[2] 长老：对老年的通称。

[3] 尧渡街：地名。　韩家滩：地名。　金姓山：归属于金姓的山地。

[4] 乾隆：清高宗爱新觉罗·弘历的年号。公元 1736—1795 年。

[5] 国贵公：作者的先世祖先。　圹：墓穴。

[6] 谢：逊让。　承：接受。

[7] 万历：明神宗朱翊钧年号。公元 1573—1620 年。

[8] 荫（yìn）：庇护。　小子：此为晚辈对尊长的自称。

[9] 先：先人，已去世的先辈。

[10] 阴骘（zhì）：阴德，暗中施德于人。

[11] 悚（sǒng）然：肃然起敬的样子。

[12] 南陵：南朝梁置县。在安徽省东南部、青弋江流域。何子永慎修：即何慎修，字（号）子永。

[13] 道学：亦称理学。宋代儒家程朱学派的哲学思想。

[14] 《三字经》：旧时流行的一种蒙学读本，为三字一句的韵文。相传为宋代人所编，明清续有增补、重订。是一本影响广泛的蒙学读物。

[15] 靠：倚靠。

[16] 照：光线照射。

[17] 抱：环绕。

[18] 泡（pāo）：池塘，小湖泊。

[19] 味：体味，体会。

[20] 第：但，但是。　人：此指一般人。

[21] 得地：发迹。

[22] 厝（cuò）：停柩待葬。

[23] 段小湖喆（zhé）：姓段名喆，字（号）小湖。

[24] 同知：清代为知府的佐官，为正五品，与通判分掌清军、巡捕、管粮、治农、水利、屯田、牧马等事。

[25] 族人：同宗族的人，同家族的人。

[26] 乩（jī）仙：扶乩（一种求神启示的迷信活动）时请托的神灵。

[27] 坛：此指扶乩的场所。

[28] 聂提督忠节公士成：即聂士成（？—1900），字功亭。安徽合肥人。历任把总，总兵，以战功升任直隶提督。与八国联军作战时，率部守卫天津，在八里台中炮身亡。有《东游纪程》《东行日记》。

[29] 煞：迷信指凶神恶鬼之类。

[30] 附魂人身：（死者的）灵魂附托在活人的身上。可以借活人的口说出已死者要说的话。此乃迷信认识，不足信。

[31] 泥（nì）：拘泥。　盲师：失明的术师。

[32] 山足：山脚。

[33] 堂局：山上宽阔而平坦的地方。　扞（gǎn）：同“擀”。碾压。

[34] 结地：旧时堪舆家所认为的地脉停顿、地气藏结的吉壤。

[35] 平原：广阔平坦的原野。　局：局面，形势。

昔为我母觅葬地，年余未得，心忧之。一日，见张溪镇之东温姓山可用，因买之。临葬时掘土，锄始下，闻空声，疑为前人已葬。予遂属停锄。问温姓，亦不知所葬何人。舁棺夫夜静敲土细听之[1]，知所买穴两旁系旧圹。中有隙地，宽可容一棺。予告尹曰：“仅一棺地太狭，而两旁旧圹是男是女皆无可考，若冒昧葬之，彼此不安。凡事既知是错，岂可仍向错处行？不如不葬为妥。”尹曰：“可。”夜过半，予宿棺下草中，忽梦二妇人向予喃喃[2]，若诉“请勿葬”者。一妇约年五十余，一约年三十余，蓝布衫，面色憔悴。予不以为意。次晚宿于分水岭，尹曰：“温山不葬甚好，我前夜梦两妇人，一年长者言：‘周家将停葬一年。’少者问年长妇人曰：‘周家能不葬耶?’年长者曰：‘尔看他们即日俱回去。’”所言形貌、服色与予所梦同。相与惊叹[3]，异之。逾三日，予过查册桥，有武生邓有为见余曰[4]：“闻太夫人未葬，[5]，历山南向枫林岵乃我股分山[6]，闻有佳穴，尔指认何处听葬[7]。但依俗例，不靠旧圹前后，直线添葬耳。”予不愿买，邓固求之。遂许十千立契[8]。俗言，买一张刀，谓冬日割柴有一股者即持一刀上山也。嗣尹耐圃来指穴挖土，视之，土燥不细润，予心疑，不肯葬。又逾年，觅地未得，日夜踌躇未决。尹乃劝余曰：“三年服制早满[9]，再不葬非礼尔。若有疑，姑葬之，后觅有佳地，迁去可也。”予从其言。安葬之日，余俟工人午饭时，自荷锄掘视，得佳土，色白细润有晕[10]，人皆谓佳地。且有谓不葬温姓地之报者[11]。然此地发福不敢信。第以形象观之，可免水蚁及五患矣。至温姓未葬之山，予筑一大冢，永禁温姓再葬、再卖。子孙谋风水者，可以鉴矣。

注释

[1] 舁（yú）棺夫：抬棺柩的人。

[2] 喃喃：连续不断地小声说话的声音。

[3] 相与：共同，一起。

[4] 武生：武秀才的简称。

[5] 太夫人：对豪绅官吏之母的称谓。

[6] 南向：朝向南方。即山的向阳坡。

[7] 指认何处听葬：指认，用手一指即可认定；听，任凭。此句意为，任凭你在何处下葬都可以。

[8] 十千：千，量词，指千钱，亦称一吊。十千，即十吊钱，十贯钱。

[9] 服制：丧服制度。此指服丧期。

[10] 晕：环形花纹或波纹。

[11] 且：又。 报：报答。

问：圣贤同此人情，岂不愿得吉地葬亲，福荫子孙？观书中所言孔子事，如不知五父之衢[1]，防墓崩等说[2]，不甚得解。曰：当时情事难知。大约古人葬事必简，不如今人周密。要之，敬亲爱子之心出于天理，圣凡皆同；卜地求福之说，则圣贤无也。观舜葬苍梧[3]，禹葬会稽[4]，吴季札之子死即葬于嬴博之间[5]，可知古人不重择地。然观孔子墓，前洙后泗[6]，其南又有沂水横之[7]，徂徕山远从东来[8]，而墓向南，众水西合而南绕东流，不敢谓非大地。王充《论衡》言[9]："孔子当泗水之葬，水为却流[10]。"是谓孔子之德，能使水不湍其墓[11]。予谓地气聚处，水自却流。今人以龙穴砂水相地，原是笨诀[12]。孔门弟子识见高，自是暗合道妙[13]。陈荔秋兰彬都宪使美数年[14]，归，谓余曰："外国人不讲葬地。我观其所葬，皆在两山环抱堂局平正之地，足见心同理同"云云。然则，择地何必葬师？有眼力人皆自能择。至爱子孙之心，圣贤原无异理。观《论语》孔子谓公冶长非其罪，谓南容免于刑戮，各妻以女，无非重骨肉、保室家之意。要皆人事上讲求。语云："作善者降之百祥。"孝子求吉地安亲体魄即是作善，得吉地即是降祥。子孙发福，其余事也。故圣贤只是劝人行善。人能行善，自然百事皆顺。且圣贤看得富贵福泽事甚是平常。即如发福数代之后，岂能常保？或子孙不贤而富贵，反招祸殃。孔子罕言利、言命，以其不足言也。罗豫章曰："父慈父之福，子孝子之福。"父慈子孝则家道隆盛，得不谓之福乎[15]？俗人以富贵为福，陋矣哉！

予为葬先人事，奔走山谷四年，遇明地师颇少。综计古今地理书不过十数部，大抵言龙则九星体[16]，言堂局则左右龙虎[17]，前照后靠，言穴则窝钳乳突，言土则坚细而润，不论变色与不变色，有晕无晕，但取穴中土，质异于四旁者为真。此大较也[18]。然九种星体不足尽龙之变[19]，象龙虎砂有缠护十数重者[20]，有全无而仅于穴傍微露形迹者，穴亦不尽窝钳乳突，但于化生脑下落平者[21]。至土色，更为古人所不道。后世有因脉急而远[22]，穴于平地者，或平洋水地[23]，葬低向高者，皆无土色可辨。要其诀，总以来龙起顶端正，过峡不侧不露，穴旁两面不空，穴后有脉有气，穴前不倾不斜，如此数事而已。地理书十日可以看毕，无他巧妙。聪明人得良师登山指点，无不了然。即无良师，能与阅历较深之友参考古墓，亦能领悟。特患心粗、识钝、身懒，难于跋涉耳。譬若木然，生气透处遇时自然开花，叶必护花，花瓣必护花心。又如人畜灵气现于面目，而其手足无不足以自护。惟造化灵妙不测，有种类同而形象各异，有形象同而其大小、疏密、远近、隐见又各异。识者融会而观其通[24]，则头头是道矣。尔辈他日必为此事劳力耗财，或迷信俗师著作，致蹈缪误[25]，特撮举书中语示之[26]。

注释

[1] 五父之衢：即五父衢。地名。春秋时鲁地，在今山东省曲阜市东南。

[2] 防墓崩：典出《礼记·檀弓上》。防，山名，在山东

省曲阜市东，孔子的父母合葬于此。防墓崩，原文是："孔子既得合葬于防，曰：'吾闻之，古也墓而不坟。今丘也，东西南北之人也，不可以弗识也。'于是封之，崇四尺。孔子先反，门人后，雨甚至，孔子问焉，曰：'尔来何迟也?'曰：'防墓崩'。孔子不应。三，孔子泫然流涕曰：'吾闻之，古不修墓。'"这段话的大意是，孔子把母亲的灵柩送到父亲的墓地，合葬完毕，说："我听先人说，古代只有墓而没有坟。如今我是一个四处奔的人，不能不封土设志。"于是在上封土为坟，高四尺。孔子先回转了，他的门人还在那里。这时大雨忽至，待门人回转后，孔子问："你们为什么这样迟呀?"门人回答说："防墓的封土崩塌了。"孔子半晌不说话，门人再三地说，孔子才泪汪汪地说：我明白了，古代礼法是不得封土的。这段话反映了孔子自伤其不能谨之于始，以至违礼墓崩。

[3] 苍梧：即苍梧山。在今湖南省宁远县南。《史记·五帝本纪》载："舜崩于苍梧。"

[4] 会（guì）稽：即会稽山。在今浙江省中部绍兴、嵊县、诸暨、东阳间，为浦阳江、曹娥江（均为钱塘江支流）的分水岭。相传夏禹在此计功封爵。

[5] 季札：春秋时吴国人。寿梦少子，封于延陵，又称延陵季子。多次推让君位。以贤名称于当世。　嬴：在今山东省莱芜县西北。　博：即博山。在今山东省淄博市博山东南。

[6] 洙：即洙水。源出今山东省新泰东北，西流又折向西南与泗水合流，西至曲阜城东北又与泗水分流，西经兖州至济宁合洸水，折南注入泗水。　泗：即泗水。

源出山东省泗水县东、蒙山南麓，四源并发，故名。西流经泗水、曲阜、兖州，折南入运河。

[7] 沂：水名。源出山东省沂源县鲁山，南流经临沂入苏北平原。部分河水入大运河和骆马湖。下游汇灌河入黄海。

[8] 徂徕山：在山东省泰安东南。大汶河、小汶河的分水岭。

[9] 王充（27—约97）：东汉哲学家。字仲任。会稽上虞（今属浙江省）人。历任郡功曹、治中等官，后罢职家居，从事著述，捍卫和发展了古代唯物主义。著作有《论衡》。　《论衡》：东汉王充著，共三十卷。历时三十余年完成。该书深入地批判了当时流行的谶纬神学和宗教唯心主义思想。

[10] 却流：倒流。

[11] 湍（tuān）：冲刷，冲激。

[12] 诀：诀窍。

[13] 道妙：佛教或道教学说的精义、经典。

[14] 陈荔秋兰彬：即陈兰彬，字（号）荔秋。　都宪：官名。本为明代都察院都御史及其所属御史的通称。此为巡抚等高级官吏的加衔。　使：出使。

[15] 得：副词。表示反诘。相当于“岂”“难道”。

[16] 九星：指天蓬、天内、天衝、天辅、天禽、天心、天任、天柱、天英等九星。

[17] 龙虎：堪舆家以墓旁左右土堆为龙虎，取左青龙右白虎之义。

[18] 大较：大略，大致。

[19] 尽：竭尽（表现出来）。

[20] 缠：盘绕。

[21] 化生：变化产生，化育生长。 脑：物体的顶端、中心或边缘部分。

[22] 脉：事物连贯而有条理者。指地下水。

[23] 平洋：平地。

[24] 融会而观其通：即融会贯通。把各方面的知识或道理有机地连贯起来，从而得到全面而正确的理解。

[25] 缪（miù）误：错误。

[26] 撮举：摘取要点举出。

问：吉地发福，理可信否？曰：语云“天地生人”，即山川生人。据形家言：“山川灵光照穴[1]，枯骨不能复生；精灵所聚[2]，荫及后人。”俗谓“穴受山川之气，如火镜之照日[3]；枯骨福及子孙，如铜山之应洛钟[4]。”理或有之，儒者以其小术，不道。予谓：山如草木，有干有枝，脉行欲止，灵光发露处，即郭璞“葬乘生气”之说也。天不爱道[5]，地不爱宝，此在人自求之，天地岂特生此为人造福？孝子慈孙假此以安先人体魄，固天道所许也。至发福迟早、大小之说，徜恍无凭[6]。或谓三十年必应，或谓数百年始应。俗师胸无真见，皆是发福后指点，自圆其说。发福虽有其事，何可常恃？北邙山上今犹有持麦饭而祭者否[7]？故君子专论修身，不讲谋地。择葬本是修身中之一事，能修身自然择得吉地，不然古今势豪大族、多钱善贾者，何以不皆得吉地？每见富贵人得地反难于贫贱人，何也？此理可想。

问：精诚求地，人定或可胜天，如俗传扬救贫者，信有之乎？曰：人家盛衰，不尽系此。如灾沴[8]，天时也；治乱，国运也；阴骘，祖德也；作孽、修善，人事也。咸同年间[9]，粤匪杀人如麻，战士立功而起家者极多，岂皆关地吉凶？又如，世袭王公侯伯何曾代葬吉地[10]？郭汾阳为相日[11]，人有掘其祖墓者，汾阳不归咎于人，但言“我督师时，士兵有掘人墓者，此殆所以报也。”此等气度，岂常人所及？汾阳子孙联婚帝室，至唐末不衰。予见某提督立功颇伟，其弟顽劣，常曰：“人言我兄富贵乃父母吉穴之报，父母何厚兄而薄我？”乃夜掘其父母棺，移厝他处。其弟旋病死，无后。某提督无恙，功成告归[12]，寿终于家，有子能世其业[13]。以此观之，吉地亦只裨助人事之一端耳[14]。我尝见得吉地而无应者；亦有得吉地而只发一代者；且见有葬义地从墓中而发者[15]；亦有先世路死[16]，尸骨未归而子孙发者。兴衰关于人事居多。俗师言“人家盛衰一切事，皆葬地主之[17]”，亦偏浅之见。果尔，则天道无凭，地理独操其权。中国古时不讲葬地，何贤智辈出，反胜后世？欧美各洲人亦从不讲葬地，何士民志气坚卓，国臻富强？足见天运兴衰，视人事为转移。不然，《大易》“先天而天弗违”一语[18]，从何解耶？

注释

[1] 灵光：神异的光辉。

[2] 精灵：灵魂。

[3] 火镜：此指能利用日光引火的凸透镜。

[4] 铜山之应（yìng）洛钟：即“铜山应落钟”，为“铜山西崩，洛阳东应”的缩语，意为，重大的事件彼此互相影响。典出刘孝标注南朝宋刘义庆《世说新语》引《东方朔传》：“孝武帝时，未央宫前殿钟，无故自鸣，三日三夜不止。诏问太史待诏王朔，朔言‘恐有兵气。’更问东方朔，朔曰：‘臣闻，铜者山之子，山者铜之母，以阴阳气类言之，子母相感，山恐有崩弛者，故钟先鸣……’居三日，南郡太守上书言山崩……”。

[5] 爱：吝惜。

[6] 徜（cháng）恍：不真切，难以捉摸、确认。

[7] 北邙山：即邙山、北芒。在洛阳东。东汉、魏、晋的王侯公卿多葬于此。　麦饭：即麦屑饭。麦屑做的饭。

[8] 灾沴（lì）：古称因阴阳之气不和而产生的灾害。

[9] 咸同年间：即咸丰（清文宗爱新觉罗·奕詝年号）、同治（清穆宗爱新觉罗·载淳年号）年间。公元1851—1874年。

[10] 代：代代，每一代。

[11] 郭汾阳：即郭子仪（697—781）。唐代大将。华州郑县（今陕西省华县）人。因功升中书令，封汾阳郡王。

[12] 告归：官吏告老回乡或请假回家。

[13] 世：继承。

[14] 裨（bì）助：补益。

[15] 义地：旧时由私人或团体设置，埋葬贫民的公共坟场。

[16] 路死：客死，在外乡去世。

[17] 主：主持，掌管。

[18] 《大易》：即《周易》。　先天而天弗违：语出《易·乾》。先天，指先于天时而行事，有先见之明。本句意为，若在天时之先行事，天乃在后不加以违背。

问：父母灵魂有知，莫不愿贻福子孙，乃竟听子孙衰败？或房分兴旺不同[1]，此理何也？曰：延陵季子曰[2]："骨肉归于地，魂则无所不之。"葬地本是体魄上事，与人之魂灵无涉。魂灵犹是生人未灭之知识[3]，其爱恶与生前无别，父母焉有不爱子孙之理？须知，魂灵不能挽回造化。如子孙作孽或当厄运，父母有灵亦无如之何。子孙处此，惟当返己自修[4]。患难贫贱，岂无处之之道？不得全听命于葬地。至房分兴旺，尤不可信。俗师每引“震为长男”等语[5]，分别三房，循环而推，粗疏可笑[6]。譬之花木，无论如何培壅[7]，必有大枝，有小枝，有未成枝而枯萎者。此自然之理。俗师又言，吉地先从朝山生人，次从穴上生人，次穴后龙生人……节节向后，按世代推算。又言，明堂龙虎何形[8]，即主某事，皆无一定确验。如地书言“明堂有石，主堕胎、主瞎眼”。我见人家有堕胎瞎眼者，其明堂不尽有石；有石者亦不见此验。大凡龙穴真确，明堂有石巉岩碍眼[9]，可铲除之；其不可除者，勿葬可也；不碍眼之石，不论可也[10]。以理断之，当是如此。天地之大犹有所憾，世间安得十全福地？古人相其阴阳，观其流泉，不过审其大势，而精神自具其中，俗师执一求之[11]，谬矣。今人又有谓“理气”之说[12]，尤属杳冥乖谬[13]。山有真龙，自有正穴，自有朝向，自有一定水口[14]。乃俗师以罗盘而左右之，趋吉反凶矣。惟近人择日多照，协纪辨方[15]，崇正辟谬，此乃世俗通行，不能不遵，且杜谣惑[16]，亦从宜从俗之道。若信为元机秘诀[17]，则误矣。

注释

[1] 房分（fèn）：家族的分支。

[2] 延陵季子：即季札。

[3] 知识：知觉与意识。

[4] 返己：返躬，反过来对自己。

[5] 震为长（zhǎng）男：《周易·说》“震……为长子。”震，指《周易》《震》卦。震为长男，震卦被解释为长男。

[6] 粗疏：疏略，不精细。

[7] 培壅：在植物根部培土，以保护其根系，促使植物生长。

[8] 明堂：墓前祭台。

[9] 巉岩：险峻的山岩。

[10] 论：问，考虑。

[11] 执一：专一。

[12] 理气：本为中国哲学的一对基本范畴，“理”指事物的条理或准则，“气”指一种极细微的物质。此指当时俗师用以相地的一种说法。

[13] 杳冥：奥秘莫测。

[14] 水口：水流的出入口或临近水流出入口的地方。

[15] 协纪：调理头绪。　辨方：辨别方位。

[16] 杜：断绝。　谣惑：以谣言惑乱。

[17] 元机：天机。造化的奥秘。

问：形家言山川生人，是言葬后钟毓如崧生岳降[1]，犹可说也。若亡人生前所生子女于死后葬地何涉？又如，言荫及过继之子、抱养之子，妻荫夫，弟荫兄，无后者荫旁支，女家无后荫母家，僧道荫徒弟，此何说也？曰：昔人云，气体相感[2]，心亦相感，外教书言[3]，声色相接，色界也[4]；心动神知，欲界也[5]；天理循环，福善祸淫，无欲界也[6]。无欲界能摄欲界[7]，欲界能摄色界，此理亦可信。某书中言，昔人有从军者被寇断右臂，后其子右臂常痛。相者问其父曰：“臂骨今何在？”曰：“在床下。”取视之，则霉湿欲腐。乃以酒洗绵裹，置于高爽处，子臂旋愈。此，人未死而气体相感也。亦如，母在家思子，自咬其指，子在外，心痛思归。同一理也。我叔岳吴凤台先生言，尧渡街邻有吴某[8]，故后遗子女各一，子常患头痛，竟死；女已适人，复头痛。将改葬其父[9]，捡骨时，见其父头骨有细藤如丝缠绕甚密，遂以针细剔去之，移他地葬焉，女头患旋愈。此，生前子女感于死后葬地之证。又闻，贵池刘芝田中丞亲家言[10]，彼某祖葬近村某山，有本邑某善相地，过而惊喜曰：“是地，我久欲买而未成者，今刘某得之，其后必昌。”我与刘交谊夙笃，因许以女字刘之子[11]。曰：“使我女他日享好儿孙之报。”他日，余晤其弟芗林亲家询之[12]，曰：“诚有其事，但所葬之祖无后，以他房子为嗣，我与芝田兄皆承继之后也”云云。由此观之，是过继受荫无疑也。地理书言，福必荫祭扫之人，殆亦不诬。我见贫薄无赖子岁时不祭扫者[13]，多贫且夭；其谨于祀先者，虽贫必有后。不必专问地之吉凶矣。

俗师言某地发福、发贵、发人丁[14]，少说当出贤良子孙者，亦如推命看相者投俗所好，君子不为惑也。人家承先启后，莫不属望后嗣。子孙果贤，富贵可处[15]，贫贱亦可处，而富贵不如贫贱之安且久也；子孙若不贤，贫贱可虑，富贵尤可虑，富贵作孽多于贫贱，受殃更烈也。偶见陆放翁《老学庵笔记》载[16]：宋宰相蔡京父准葬杭之临平[17]，山为驼形。术家谓驼负重而行，故作塔于驼背，而其墓以钱塘江为水[18]，越之秦望山为案[19]，可谓雄矣。富贵既极，一旦丧败，几于覆族[20]，至今不能振云云。又见康熙年间望江沈镐号六圃著地学书言[21]，明末怀宁兵部尚书阮大铖[22]，自唐居藕山，祖茔发福未艾，坐空朝空，出人皆清俊慧巧，科贡联绵。考《明史》载[23]：阮大铖与马世英朋奸误国[24]，大清兵至南京，逃往浙江，被戮。其嫡派子孙无继起者。自古奸佞误国，多覆宗绝嗣，如江宁秦姓[25]，未闻认秦桧为同宗[26]；江西分宜严氏[27]，不认严嵩为同支[28]。俗师之言安可尽信？大凡人事悖逆，天亦无从降福，地亦无从效灵矣[29]。

注释

[1] 钟毓：钟灵毓秀。指美好的风土诞育优秀人物。 崧(sōng)生岳降(jiàng)：典出《诗·大雅·崧高》：“崧高维岳，骏极于天，维岳降神，生甫及申。”崧，

高大的样子；申，申伯；甫，甫侯。二人都是周宣王的舅父，周朝的重臣，并相传是四岳的后裔。这四句话的大意是：高耸入云的四岳，巍峨高峻直接云天，四岳降下神灵，生了申伯和甫侯。后以“崧生岳降”称出身高贵的大臣或天赋特异的优秀人物。

[2] 气体：此指精神与身体。

[3] 外教：本为佛教徒对佛教以外的儒、道九流的称谓，此为儒者对儒教以外的佛道九流的称谓。

[4] 色界：佛教语。为三界（欲界、色界、无色界）之一，在欲界之上，无色界之下。有精美的物质而无男女贪欲。

[5] 欲界：佛教语。包括地狱、人间、饿鬼、畜生、修罗及六欲天，此界以贪欲炽盛为特征。

[6] 无欲界：疑为“无色界”。佛教语。此界无形体，无物质，但存积心。

[7] 摄（shè）：管辖。

[8] 街邻：街坊邻居。

[9] 将（jiāng）：施行。

[10] 贵池：五代吴改秋浦县置贵池县。在安徽省南部。刘芝田：即刘瑞芬（1827—1892），安徽贵池人。曾任江西按察使，布政使，护理江西巡抚，驻英、俄公使，广东巡抚。有《养云山庄全集》。 中丞：即御史中丞。明清时巡抚或以副都御史出任，或例兼右都御史之衔，故又称巡抚为中丞。 亲（qìng）家：夫妻双方父母的互称。

[11] 字：女子许嫁。

[12] 芗林：即刘含芳（？—1897），安徽贵池人。字芗林。曾入淮军，任道员等职，曾协助李鸿章在天津筹办海

军，创办电器水雷学堂。

[13] 贫薄：贫穷，少资财。　无赖子：刁顽耍奸、为非作歹的人。　岁时：每年一定的季节或时间。

[14] 人丁：人口，家口。

[15] 处（chǔ）：安身，维持生活。

[16] 陆放翁：即陆游（1125—1210）。南宋大诗人。字务观，号放翁。山阴（今浙江省绍兴市）人。有《剑南诗稿》《渭南文集》《南唐书》《老学庵笔记》等。《老学庵笔记》：书名。南宋陆游撰。十卷。为作者晚年所作。大都记载遗闻轶事，考订诗文，间采民间传说，有些内容保存了重要史实。

[17] 蔡京（1047—1126）：字元长。北宋兴化仙游（今属福建省）人。历任户部尚书、太师等。大兴土木、加重剥削，被称为"六贼之首"。金兵攻宋时，率全家南逃，被钦宗放逐到岭南，死于途中。　临平：即今浙江省杭州市东北之临平山。

[18] 钱塘江：浙江省最大的河流，在杭州市闸口以下注入杭州湾。

[19] 越：古国名。建都会稽（今浙江省绍兴）。此指浙江。　秦望山：在今浙江省杭州市西南。　案：几桌。

[20] 覆族：灭族。

[21] 康熙：清圣祖爱新觉罗·玄烨年号。公元1662—1722年。　望江：隋改新治县为义乡县，后又改为望江县。在安徽省西南部。

[22] 怀宁：晋置县。在安徽省西南部，即今安庆市。　阮大铖（约1587—约1646）：字集之，号圆海、石巢、百子山樵。明末怀宁（今属安徽省）人。天启时依附魏忠贤，崇祯时被废斥，匿居南京。弘光时马士英执

政，任兵部尚书。后降清。

[23] 《明史》：纪传体明代史。清张廷玉等撰。二百三十二卷。

[24] 马士英（约 1591—1646）：别字瑶草。明末贵州贵阳人。历任总督、太保。专国政，起用阉党阮大铖，排斥史可法等。后被清军所杀。　朋奸：即“朋比为奸”。互相勾结做坏事。

[25] 江宁：晋置临江县，后改江宁县。在江苏省南京市郊。

[26] 秦桧（huì）（1090—1155）：字会之。江宁（治所在今南京市）人。南宋投降派代表人物。历任御史中丞、宰相。执政十九年。杀岳飞、贬张浚。主持和议。为高宗所宠信。

[27] 江西：明置江西布政使司，清为江西省。在长江中下游南岸。　分宜：宋置县。在江西省西部。

[28] 严嵩（1480—1567）：字惟忠，一字介溪。明代江西分宜人。专国政二十年，官至太子太师。操纵国事，吞没军饷，战备废弛。文武百官与其不和者均加以杀害。晚年渐为世宗所疏远，遭劾，被革职，籍没家产。有《钤山堂集》。

[29] 效灵：显灵。

卷十一　祖训

予年五六岁时，闻祖父光禄公曰[1]："古语'病从口入，祸从口出[2]'，尔谨记之。"又常以浅俗诗歌教余，如"身安茅屋稳，性定菜根香"等句，不下数十首，至今犹大半记忆。余祖父生平待人无疾言厉色，处家则正言侃侃[3]，无一戏语。终生茹苦自甘，有人所不能堪者。尝曰："冤死勿兴讼，饿死勿负债。""宁受人欺，不可一毫欺人。"时人或称为迂。予孩童时，见祖父年六十余，每日晚辄手一篇朗诵。见长者过，必起立向前数步拱手迎之；远望官长过，必端容肃立。闻人言某过失，常笑而不答。有诮讥者受而谢焉，终身无一语侮人。虽至极苦，亦不求人、不借债。饮食行止，常有常度。途中见荆棘瓦石辄手拾去之。予问何为？曰："恐人误踏伤足。"见虫蚁不践，曰："此亦生命也。"上灯后辄闭户，不许予出，教以古人善言善行或读书数句，专取易解者讲之。《论语》"巧言令色"等章，《孟子》"舜浚井完廪"章，予五六岁时皆知大意。予生于十一月，当七岁时族人劝入塾，祖父曰："是孩计月尚六岁，筋骨未可久坐，迨八岁入塾。"每晚必使背书讲解，日间见予一言一动放肆，必痛责之。偶与邻儿争斗，祖父必婉谢邻家或赠以食物。予曰："邻儿无礼。"祖父必属我母笞责之，言"彼无礼，尔何不远之，乃与人诟争[4]？尔即有礼，亦大不是。"嗣是，我不敢与邻儿昵近[5]。乡党中人皆称道我家忠厚，未敢稍加轻侮。间有小事被人欺骗，耗财数千，家中人怨之。我祖父曰："当时我未料及也。恶在彼不在我，可勿论矣。"

予十余岁时，祖父常勖予曰[6]："布衣暖，菜根香，读书滋味长。"又曰："汪信民先生云，'人能咬得菜根则百事可作'。盖人能吃苦，自然守分[7]，自然励志向上。贫可致富，贱可致贵。然不可存一毫希冀心[8]。我幼遭家落[9]，苦不堪言，只低头守分尽力做去，分外之想一毫不着于心，分外之利一毫不着我手。我胸中洒洒落落，何尝有过不去的日子？尔他日纵富贵，仍要吃苦做事。不吃苦，虽富贵不能久也。可以我语传示子孙勿忘"云。

注释

[1] 光禄：光禄大夫的省称。本为文散官名，此为封赠的虚衔。因作者为封疆大吏，清制一、二品官封赠可及祖父母。

[2] 病从口入，祸从口出：出自晋傅玄《口铭》。意为疾病起于饮食不慎，祸患出于语言不谨。重在强调语言必须谨慎。

[3] 正言：合于正道的话。　侃侃：从容不迫地直抒己见。

[4] 诟争：怒争。

[5] 昵近：亲近，接近。

[6] 勖（xù）：勉励。

[7] 守分（fèn）：安守本分。

[8] 希冀：希图，企图得到。

[9] 家落：家境衰落。

我祖母余太夫人[1]，性严[2]，寡言笑，善针黹[3]。年五十余，犹能剪纸为花样，以供邻妇来求者。爱我备至，我偶有妄语[4]，必斥责之，不稍假[5]。我年将长[6]，尝指我曰："尔将成立[7]，家事较前差盛矣[8]。使我今日死[9]，当含笑而逝。尔慎无忘我平生困苦时也。"我年十六七岁时尝教我曰："凡教小儿，须先使其心有所恋、有所畏，不可姑息。尔父童时，将出门就学，我先数日借事詈之[10]，又许以勤学有验即得某种好处。恐其恋家不勤学也。我见今人养子到十二三岁，不出就外傅，又不送到远处习学商业，姑息儿子，害他一生。惟徽州风气好[11]，常以儿子离家习商为乐事，所以商业兴旺。人能谋生，自然衣食饱暖；到饱暖后，子孙不读书从何发达？儿子骄养在家，必无成。即富，亦俗所谓'坐吃山空'也[12]。"呜呼！此语极浅，可以警我乡之弊。

予孩提时，每逢元旦祖母辄抚曰："过一年添一岁，又是新春。"又曰："小的今长了一岁，老的今老了一岁，尔勿错过了光阴。"又曰："回想我幼年吃苦耐劳，有人所难堪者；中年以后，家事渐顺。然我愿贫苦中平安度日，不妄希富贵也。富贵若不平安，反不如贫贱。大凡人家不平安之事，自取者十之八九；遭天祸者十之一二尔。他日成名，恐我不及见也。可将我平生艰苦，及后来家运亨通景象作文一篇祭我，并传于后世，使子孙不忘艰苦，我心慰矣。"

注释

[1] 太夫人：官吏豪绅之母，不论存亡均可称太夫人。此为作者对已故祖母余氏的称谓。

[2] 严：威严，严肃。

[3] 针黹（zhǐ）：缝纫、刺绣。

[4] 妄语：虚诞的话。

[5] 假（jiǎ）：宽容。

[6] 长（zhǎng）：年岁较大。

[7] 成立：成长自立。

[8] 差（chā）：比较，略微。 盛：兴盛。

[9] 使：假使，假如。

[10] 詈（lì）：责备。

[11] 徽州：府名。辖境相当于今安徽歙县、休宁、祁门、绩溪、黟（yī）县及江西婺源等县地。治所在歙县。1912 年废。以产纸、墨、砚著名。

[12] 坐吃山空：意为只消费而不产出，财产如山也会吃光用尽。

我父幼时为袁家山王某经理商业[1]，东人长者也[2]，极爱重之，使与其子订为义兄弟。无何[3]，东人死，义兄亦死，我父哭之恸[4]。其族长聚议曰："周某，义士也[5]。今王某父子皆死，仅遗孤寡。周若去，难自存矣。"咸共拜我父前，携其幼子王玉京立于旁，谓我父曰："尔不忘亡友，请视此子[6]。今日以后，玉京即尔子。"我父感诺。余十三岁就王介和先生读，见玉京长我三岁，呼我父为父。玉京多智有胆识，惟放荡不羁，我父颇以为忧。时有陈姓友谓我父曰："尔辅孺子将成立矣，劳苦十余年矣，有意他游否[7]？"我父曰："弃瘠就肥，为惠不终，非所愿也。"谢不往。逾数年，玉京娶妇合卺时[8]，余见王姓戚族扶我父上座，指玉京曰："多拜此义父。"后数年，玉京死，无后，我父伤之。适粤匪乱起，避难彭泽九都山中[9]，遂与王氏离焉。我父为人慷慨好义，常为人排难解纷，从无疾言厉色加于人。每教予曰："世人所以多争者，为责人而不责己也[10]。今若有人待我不仁，我不可以不仁报。久之，彼自心服。"予幼在塾中，必使粗衣疏食曰："我不能时时教子，惟使其知贫而能耐贫，则庶几矣[11]。"光绪初年，予往袁家山祭王介和先生墓，因与王族议，举王玉京亲支王耉祺嗣其后[12]，俾守世业。

余童年，我父常戒谕曰："能吃苦中苦，方为人上人。所谓吃苦者，粗衣淡饭，发愤读书，一日不可空过，一语不可妄发。宁人欺我，我勿欺人。如是久之，必有长进。"予年十七八，避难山中，我父恐我荒功课，辄约邻家数小儿，使我教读。口占一联示我曰："'几个蒙童且锁心猿意马[13]，数间老屋预卜起凤腾蛟[14]。'尔勿负我厚望也。"又尝密谕我曰："人存心不忠厚，人处家不勤俭，终必覆坠。大凡忠厚人家，未有不勤俭者。尔看某家无德行而败，某家有德行而兴，当知之矣。"又曰："大忠厚人家存心公正，做事有条理，虽当大乱，将来必可脱难，必可起家。第不知粤贼之乱何时平靖，我日夜望尔辈成立，恐不及见矣。"我后从李文忠军，自皖赴沪。逾年，我祖母、我父见背[15]；又逾十余年，我祖父、我母相继见背。虽略营甘旨[16]，未沾禄养[17]。每逢补官迁秩[18]，辄自伤痛。尝私告家人曰："禄不逮亲可以不仕，今忝冒至此[19]，切勿忘先人忠厚吃苦之训也。"

注释

[1] 经理：经营管理。

[2] 东人：东家，主人。此指王某。 长（zhǎng）者：此指德高忠厚的人。

[3] 无何：无几何时，不久。

[4] 恸（tòng）：极度悲伤。

[5] 义士：有节操的人。

[6] 视：照顾，照料。

[7] 他游：游，流动。他游，此为到别处去工作的婉转说法。

[8] 合卺（jǐn）：卺，瓢。合卺，古代婚礼中的一种仪式，

剖一瓠为两瓢，新婚夫妇各执一瓢斟酒以饮。

[9] 彭泽：此指彭泽聚，在今安徽省宣城县西南。

[10] 责：要求，期望。

[11] 庶几：差不多，有幸。

[12] 亲支：亲族中的支裔。

[13] 心猿意马：比喻人的心思流荡散乱、如猿马难以控制。

[14] 卜：推断，预料。　起凤腾蛟：比喻人才辈出、景象壮观。

[15] 见背：指长辈去世。

[16] 营：置办。　甘当：美味的食物。

[17] 禄养：以官禄养亲。此为长辈未看到我做大官的婉词。

[18] 补官：补授官职。　迁秩：官员晋级。

[19] 忝冒：滥竽充数、愧居官位。此为做高官的谦婉之词。

闻之我母言，自高曾以来[1]，皆居建德南门外桥西[2]。有屋十余楹[3]，田百余亩。乾隆时丰岁，米每石仅值钱一千数百文[4]。夏日水涨，米船可泊南门桥下。余家小康，颇可自给。后为友人保借债事[5]，友贩茶折本，曾祖乃自以田产偿之，别营商业。后因不戒于火，家业益荡然无存。时我祖父习举业将应试[6]，乃以饥困改营他业。遂将南门桥西屋产售于他姓，移居纸坑山本族祠堂之左，后又移于右。逾二十余年，我父旋买受，加工修理居焉。高曾以来皆经商，为人俱忠厚勤苦，从不以欺诈待人，亦不肯向人借贷。族中人有依衙门度日者，有习游戏手艺者，我家不与往来；见其富足，常以为戒。呜呼，余幼所闻见仅此，子孙幸勿忘先世艰难，背弃祖训。

咸丰年间，纸坑山旧宅被粤匪毁拆。贼退，复葺数楹；贼来，又被拆。如此者三次。今小楼三楹，乃我母于同治元年[7]，以六千钱买某屋料而建者也。余屋乃光绪初年逐渐添置，屋下新学堂即余幼时读书之所，旧屋早毁。光绪十二年间[8]，予独立重建，较旧制略大，为族中子弟读书地，不视为一家之产。塾师岁修出于乐济会捐款[9]。予只能办此一小事。我父言，村外河水渐由北而南[10]，冲激山脚，行人来往不便，欲作长堤御水，惜无力措办。又闻我母言，族人先有四十余家，经粤匪乱，仅存十数家。村前田亩本少，今以人稀不能全垦，若峣山瘠地[11]，更无人种，此时阖村数十口足以自食；他年生齿渐繁[12]，必如道光年间[13]，终岁勤苦而不获温饱。欲救此族贫困，须另觅广田阔地之处，俾安室家。尤须水陆通衢[14]，遇乱能避，咸丰年间往事可鉴也。呜呼！先训在耳，至今力不能办，殊为大憾。

注释

[1] 高曾：即高祖父与曾祖父。高祖父，祖父的祖父，即曾祖父的父亲；曾祖父，祖父的父亲。

[2] 建德：此指建德县治所，在今安徽省东至县北秋浦。辛亥革命后改为秋浦县。

[3] 楹（yíng）：此为量词。屋一列或一间为一楹。

[4] 石（dàn）：容量单位。十斗为一石。

[5] 保：担保，保证。此指为双方或多方履约（借、还债务）充当保证人。

[6] 举业：举子业。科举时代专为应试的学业。

[7] 同治元年：即公元 1862 年。

[8] 光绪十二年：即公元 1886 年。

[9] 岁修：塾师的年薪。

[10] 渐：开始。

［11］ 峣山：高山。 瘠地：不肥沃的土地。

［12］ 生齿：此指人口。

［13］ 道光：清宣宗爱新觉罗·旻宁年号。公元 1821—1850 年。

［14］ 通衢：四通八达的大道。

周氏自周室衰微[1]，至子男君之后，始以周为姓。分居各省，莫纪其数。三国吴都督公谨实为一糸[2]。我家迁建德[3]，始祖为访公[4]，字咨臣，唐初为御史中丞[5]，以避武后乱告归，由徽州迁居建德秧田坂。至六世祖繇公[6]，字为宪，咸通中登进士第[7]，与许棠、郑谷等称“咸通十哲[8]”。时仆射王徽称其孝友[9]，荐于朝，仕至御史中丞[10]。《全唐诗》选有诗一卷[11]，《全唐文》有《明皇梦钟馗赋》一篇[12]，唐时称公为“诗禅”[13]，池州文学自公启之。弟繁公，诗文与之齐名，不第（据《唐摭言》诸书[14]：繁公累举进士第一。［按：原文如此］亦若今时解元[15]，屡试未中进士）。均祀乡贤祠[16]，时称“至德二周”（见《文献通考》《一统志》诸书[17]）。繇公迁居纸坑山后，舍宅为寺[18]，即今唐山寺。其山周围数里，皆名周家山。按旧谱[19]，自一世至七世祖，又十一世祖，皆葬周家山。后裔力农贫困，惮于远涉祭扫，山被他姓朦占[20]，祖墓皆不知所在。然谱牒尚存[21]，邑人犹指为周家山也[22]。乾隆元年，秧田坂屯籍周姓冒认为唐山寺山主[23]，闻繇繁二公重名[24]，墓在周家山，因私立墓碑于寺后山上。经寺僧讼于官，官往验山，并传我族人质讯，族人本不知墓所在，又不敢言失祭扫，遂云，二公墓在纸坑山村东之老林山。官又问彼周姓曰：“尔祖自何代来彼？”供：“唐朝为本县知县。”官怒曰：“安有本县人为本县官者？”彼周姓语塞（盖皆不知唐时仕者无回避本籍例也）。案遂定。官谕我族人，将彼私立之碑移至老林山。自是，我族遂有唐山寺而无周家山，又将家谱所载繇繁二公“葬周家山”俱改“周家山”[25]（按：原文如此）；又将所引各书“为至德令”“建德令”字改为“睦州建德令[26]”，虑彼周姓翻案复控也。然一世祖至七世祖、十一世祖葬周家山字未改，以官未讯及，彼周姓亦不争也。余著有《二周事略考正》一篇，学铭著有《先迹求遗》一卷[27]，又向抄溪山许姓抄得乾隆元年讼案一宗[28]，并载今谱。光绪六年，余邀许计诸绅重建唐山寺，并于寺旁建家祠三楹，以祀唐代葬周家山八代之祖。纸坑山东老林山有二公墓碣，族人向以清明日祭扫，姑乃其旧，不毁。薄置祭田，使族人每岁赴唐山寺一祭。近年，我家又买周家山之马家岭、高岭邬及左近打鼓担、鲍家陇、师古塔大邬里茔地数处，预营我家葬地，庶几子孙永祔先灵[29]，宗祀不坠云[30]。

注释

[1] 周室：周王朝。

[2] 三国吴都督公谨：即周瑜（175—210）。三国时吴国名将。字公谨。庐江舒县（今安徽省舒城人）。出自士族。与张昭同辅孙权，任前部大都督，曾亲率吴军大破曹兵于赤壁。　糸（mì）：当为“系”。世系，谱系。

[3] 建德：五代吴顺义年间改至德县置建德县。治所在今安徽省秋浦县。

[4] 始祖：有世系可考的远祖。

[5] 御史中丞：隋唐时设御史台，御史大夫为长官，御史中丞为副贰，其品秩虽为正四品，与丞郎出入互用，但权势显赫，有时出于侍郎、左右丞之上，为宰相以下之要职。唐中叶以后常为观察使及大州刺史的加衔。

[6] 繇公：即周繇，字为宪。池州（今安徽省秋浦）人。咸通十三年进士。历任建德令、御史中丞。

[7] 咸通：唐懿宗李漼年号。公元860—874年。

[8] 许棠：字文化。唐代名士。为礼部侍郎高湜所看重，有名于当时。　郑谷：唐时宜春（今属江西省）人。字守愚。光启年间进士，仕至都官郎中。以文才著称，时有“一代风骚主”之誉。

[9] 仆射：唐制，左右仆射为尚书令副职。及废尚书令，左右仆射实领宰相之职，为尚书省最高长官。　王徽：唐代京兆（今陕西省西安市一带）人。字昭文。历任右拾遗、户部侍郎、同平章事，官终右仆射。

[10] 御史中丞：官名，御史大夫的佐官，又称御史中执法，以明法律者任之。在殿中兰台，掌管图籍秘书，并接受公卿奏事，举劾案章。

[11] 《全唐诗》：总集名。清康熙年间彭定求等编。九百卷。

[12] 《全唐文》：总集名。清嘉庆年间董诰等编。一千卷。《明皇梦钟馗赋》：在《全唐文》中题为《梦舞钟馗赋》。

[13] 诗禅：意为以禅理入诗的诗人。

[14] 《唐摭言》：笔记。五代时王定保撰。书中保存了不少唐代诗人的零章断句及与贡举有关的遗闻佚事。

[15] 解（jiè）元：唐制，举进士者皆由地方解送入试，故相沿称乡试第一名为解元。

[16] 乡贤祠：祭祀乡贤的祠堂。始于东汉，明清时凡品学为地方所推崇者，死后由大吏题请祀于其乡，入乡贤祠享祭。

[17] 《文献通考》：元代马端临撰。三百四十八卷。记载上

起远古、下迄宋宁宗时的典章制度沿革。《一统志》：地方志的一种。以全国行政区划为纲，分别记载全国各地的情况。

［18］ 舍：施舍，布施。

［19］ 谱：按照事物类别或系统编成的表册。此指家谱。

［20］ 朦（méng）占：蒙骗占据，蒙混占有。

［21］ 谱牒：记述氏族世系的书籍。

［22］ 邑人：同邑的人，同乡的人。

［23］ 屯：屯子，村庄。此指秧田坂。 籍：籍贯。

［24］ 重（zhòng）名：盛名。很高的名望或很大的名气。

［25］ 周家山：疑误。应为“老林山”。

［26］ 至德：唐至德二年（757 年）置县，治所在今安徽省东至县北秋浦。五代吴时改为建德县。 令：县令。 睦州：隋开皇八年（公元 588 年）置州。以后多有变动。唐万岁通天二年（公元 697 年）曾移州治建德县（今浙江省建德县东北梅城镇）。

［27］ 学铭：即周学铭。本书作者周馥之次子。

［28］ 讼案：诉讼的案件。此指当时讼案的文件档案。

［29］ 祔（fù）：祭名。此泛指配享、附祭。

［30］ 宗祀：对祖宗的祭祀。

闻我高祖讳文元，公晚年纳庶高祖妣杨氏[1]，始生我曾祖，乡人谓为积德之报。我屡欲以己身应得封典貤封[2]，而国例一品封典只及曾祖而止，不准貤封高祖；二品貤封亦只追赠曾祖而止，积歉于心者累年。上年，族人以予捐助池州学堂经费四千金，特请皖抚奏请破例给予高祖正一品封典[3]，竟邀俞允[4]，天恩异数永世不忘[5]，子孙其敬念之哉。

我家亲戚，自曾祖以下至我母，外家皆无后[6]。尝闻我祖母言，曾祖母张氏，由徽迁居建德城内业商，后家贫，子孙不振。岁时，张家以酒肉饷曾祖母，曾祖母常以元丝锭数枚置酒壶中答之[7]。曾祖母有弟二人，一为游方医士[8]，善治眼疾；一工画，以白石粉做鸡蛋式彩绘人物甚精，村童每争购之。我祖父尝言，二人不务正业，每年冬末归家，日日烂醉。次年二月，又出门游荡。我祖母言，大母舅眼药料不真[9]，二母舅以玩物骗小儿为活，家业安能久耶？后二人殁，葬于南门岭义山[10]。我孩提时，每岁清明随我祖父祭扫，在山坳路边[11]，二坟相并，各立小碑。嗣经粤匪大乱，久未扫墓，屡寻墓碑未得，遂缺祭扫。我祖母外家余氏，亦徽人，兄弟三支皆无后。余年十数岁，见余舅祖时来往[12]，我家常款以酒食不倦。我父密戒予曰："我家先贫，舅祖时周济我，愧无以报尔，慎毋嫌其来往频繁也。"予谨记之。舅祖殁后，我留养舅祖母二十余年，今西门余姓，以一子嗣舅祖为孙，承其祀云。予母外家叶氏亦无后。外祖葬北门外，予为置祭田，每年清明请我族人与佃户祭扫一次，子孙勿忘。

我纸坑山周族，人丁不繁。历世谱牒各户抄存于家。至明中叶分六大支，始用活字版印家谱[13]，各支存谱一部。后六支绝其二，仅存四支。自唐以后，未遭兵难，惟明末左良玉兵过建德时掳去我族一人[14]，未归。历世耕读为业，少显达者[15]。我一支为景祥公后，支下人或为工、为商，或佣书[16]，或当县衙中走卒[17]，竟无一人业农者。或谓祖坟风水所至，岂其然耶？我高祖生长子礼仪公、次子礼信公，皆二三世而绝。我曾祖讳礼俗，公以下至我父，三世皆一子单传[18]。而次房每少亡[19]，无后，历代过继。今我弟承继我叔父，后亦早世[20]，幸有二孙，此中气数难喻[21]。我以第二子学铭出嗣同支，为欲挽此厄运，今而后殆可免矣。

注释

［1］ 高祖妣：对去世的高祖母的称谓。

［2］ 封典：此指皇帝给予官员妻室、父母和祖先的荣典。 驰（yí）封：官员将以自身所受的封爵名号，呈请朝廷移授给亲族尊长。

［3］ 皖抚：即安徽巡抚。

［4］ 邀：遇。引申为得到。 俞允：允诺（多用于君主）。

［5］ 天恩：此指帝王的恩惠。 异数：特殊的礼遇。

［6］ 外家：女子出嫁后称娘家为外家。

［7］ 元丝锭：合乎官定标准的银锭。

［8］ 游方：此泛指各处游荡。

［9］ 母舅：即舅父、舅舅。母亲的兄弟。

［10］ 义山：同“义地”。埋葬贫民的公用坟场。

［11］ 山坳：山间的平地，两山间的低下处。

［12］ 时：时常，经常。

［13］ 活字版：用活字排版。为宋仁宗时毕昇发明的一种用胶泥刻字、火烧使坚，排版印刷的一种印刷技术。

［14］ 左良玉（1599—1645）：明末山东省临清人。字昆山。曾在辽东与清军作战，后镇压农民起义。封宁南伯，进侯爵。死于讨伐马士英的途中。

［15］ 显达：荣显闻达。

［16］ 佣书：受雇为人抄书。

［17］ 走卒：隶卒、差役之类。

［18］ 单传：唯有一子传代。

［19］ 次房：次子的一支。 少（shào）：年少。

［20］ 早世：过早地去世。

［21］ 喻：知晓，明白。

卷十二　鬼　神

张横渠曰[1]：“物之初生，气日至而滋息[2]；物生既盈[3]，气日返而游散。至之谓神，以其生也；返之谓鬼，以其归也”云云。世俗以游魂为鬼，以魂显灵为神，误也。

朱子曰：“鬼神只是气。屈伸往来者，气也。天地间无非气，人之气与天地之气相接无间断，人自不见。人心才动，必达于气，便与这屈伸往来者相应。”邵康节曰[4]：“人之善恶，但萌诸心、发乎虑，鬼神已得而知之。”观以上诸贤之语，可知人心善恶，鬼神无不先知，不必待报应显著而祸福之机已见矣[5]。

朱子曰：“人心平铺着便好[6]，若做弄便有鬼怪出来[7]。”观此可见吉凶感召之理。

《北史》齐永安王浚[8]，年八岁，谓博士卢景裕曰[9]：“祭神如神在[10]，为有神乎？为无神乎？”对曰：“有。”浚曰：“有神当曰‘祭神’，‘神在’何须‘如’字？”景裕不能答。按：“如”在字义原指祭者之心而言。朱子曰：“鬼神之理，盖难言之。”谓其有一物固不可，谓非真有一物亦不可。又曰：圣人之制祭祀也，设主、立尸、焫萧、灌鬯[11]，或求之阳，或求之阴，无所不用其极，而犹止曰“庶或享之”而已[12]。其至诚恻怛[13]，精微恍惚之意[14]，盖有圣人所不欲言者云云。子孙若因祖考年远[15]，魂魄或不来飨而不诚敬将事[16]，天性何存！书籍中言鬼神事极多，不敢尽信，以我历所见闻证之[17]：凡人心中所欲为之事，鬼神无不先知，即如人家祖宗于子孙贤否、亲戚兴衰、骨肉离合以及岁时祭扫各节，无不尽知之。或降乩、或示梦、或摄身现形、或附人身告语[18]，不可殚述，此特举其显著者而言之也。朱子言："聚而生，散而死者，气也。"所谓精神魂魄有知有觉者是也。若理则初不为聚散而有，无有斯理则有斯气。苟气聚乎此，则其理亦命乎此。气散虽化而无有其根，于理而日生者，固浩然无穷也。以类相感，以类而应。故谢上蔡谓"我之精神即祖考之精神[19]"，皆此意也。我乡岁节祀祖，但沿俗例，草草了事，何尝见诚敬之意？至于淫祀[20]，无村无之，最是恶俗。《论语》："非其鬼而祭之，谄也[21]。"祭者居心何在？鬼若有知，当为所鄙。如五猖神[22]，据明初太仆卿都穆《谈纂》所载[23]：明初兄弟五人为盗，明太祖执而戮之[24]。因为厉，愚民私祀焉。太祖闻之不禁，安能至今尚能为祸福于人耶？至土地神[25]，当与《诗经》所云"以社以方""以御田祖"同意[26]。然亦不可多而渎也。若仙佛之庙，香火尤盛。仙佛在世日，方自弃其妻子、富贵[27]，不愿再生世间，而乃为今世痴愚求福者施报耶？

妇女入庙烧香，出门看戏、看赛会，尤属违礼悖律。我为直臬时曾办奸拐数案[28]，其未报到官者不知凡几？在山东巡抚任时，有某州男妇至老君庙烧香，风燃楼上纸堆，焚弊一百余命，予遂禁会，改庙为学堂。予督两广时[29]，有某县妇女看戏，戏台旁存放铳火药失慎[30]，烧死一百余命。其余酿命之案，不可胜纪。神果有灵耶？愚者当知返矣。

注释

[1] 张横渠（1020—1077）：即张载。北宋哲学家。字子

厚。凤翔郿县（今陕西省眉县）横渠镇人，世称横渠先生。理学创始人之一。曾任著作佐郎、崇文院校书等职。讲学关中，故其学派被称为“关学”。著作有《正蒙》《经学理窟》《易说》等，编入《张子全书》。

[2] 滋息：繁殖，生长。

[3] 盈：圆满，无残缺。

[4] 邵康节：即邵雍（1011—1077）。北宋哲学家。字尧夫，谥“康节”。

[5] 显著：明显地显露出来。　机：事物变化的迹象、征兆。

[6] 平铺：平直地表现出来。

[7] 做弄：使心计让别人吃亏上当。

[8]《北史》：纪传体史书。唐李延寿撰。一百卷。记载北魏至隋的历史。　齐：此指北齐。北朝高洋废东魏称帝，国号齐。公元551—577年。　浚：即高浚。北齐时人。字定乐。豪爽，善骑射。天保初年晋爵永安王。

[9] 卢景裕：后魏时人。字仲儒。专精经学。曾被北齐高澄（文襄皇帝）特征，教授诸子。

[10] 祭神如神在：出自《论语·八佾》。意为，祭神时就像神真的在面前。

[11] 主：旧时为死人立的牌位。　尸：古代祭祀时，代死者受祭的人。有时也指神像或神主。　焫（ruò 又读 rè）萧：焚烧艾蒿。此为祭宗庙的一种仪式。　灌鬯（chàng）：祭祀的一种仪式。把黑黍和郁金香酿成的酒浇在地上，求神的降临。

[12] 止：只。　庶或：或许，也许。

[13] 恻怛（dá）：哀伤，恳切。

[14] 精微：精深微妙。 恍惚：难以捉摸。

[15] 祖考：已故的祖父和父亲。此泛指已故的先辈。

[16] 将事：从事某项工作。

[17] 历：经历。此指时间上的经历。

[18] 降（jiàng）乩：扶乩（一种迷信活动）时神灵降下的旨意。 摄身：此意为假借别人的身体。 附人身：此指（灵魂）附托在别人身上。

[19] 谢上蔡：即谢良佐（1050—1103）。北宋学者。字显道。上蔡（今属河南省）人。学者称之为上蔡先生。为程（颢、颐）门四大弟子之一。开陆九渊心学之先声。著作有《论语说》《上蔡语录》。

[20] 淫祀：不合礼制的祭祀，不当祭的妄滥之祭。

[21] 非其鬼而祭之，谄也：出自《论语·为政》。大意是，不是你应该祭祀的鬼神而你去祭祀他们，这是谄媚。

[22] 五猖神：神名。其别名甚多："五通""五圣""五显灵公""五郎神"等。为旧时江南民间供奉的邪神。传说为兄弟五人。

[23] 太仆卿：北齐时称太仆寺卿。九卿之一。为太仆寺长官，掌舆马及牧畜之事。 都穆：明代人。字玄敬。弘治进士。历任工部主事、礼部郎中。以太仆少卿致仕。博学，有著述多种。

[24] 明太祖：即朱元璋。

[25] 土地神：即"社神"。古代神话中管理一个小地面的神。

[26] 《诗经》：简称《诗》。儒家经典之一。成书于春秋时代，凡三百零五篇，分"风""雅""颂"三大类，

为中国最早的诗歌总集。 以社以方：出自《诗经·小雅·甫田》。大意是，（摆好我的祭品）来祭祀社神和四方之神。 以御田祖：出自《诗经·小雅·甫田》。大意是（弹琴击鼓）来迎接田祖——农神。

[27] 方：副词。表示语气的转折。却，反而。

[28] 直臬：直，直隶省，清时辖今河北省及内蒙古自治区、辽宁省部分地区；臬，臬司，又称臬台，提刑按察使的别称，掌一省之刑名，正三品。直臬，直隶省臬司。

[29] 督两广：做两广总督。两广，地区名。广东和广西的总称。明清置两广总督。

[30] 铳（chòng）：火器名，如旧时的火炮、火枪。

孔子不语怪神，恶惑民也。曰：“丘之祷久矣[1]。”敬天修身，即所以事神也。曰：“未能事人，焉能事鬼[2]？”“务民之义，敬鬼神而远之[3]。”盖幽明一理[4]，当尽人事，不可听命于神也。孔子数语。所阐鬼神之义已尽，世人多昧此理。如晋阮瞻[5]，力持无鬼论，自谓可以辨正幽明，以致鬼物现形与辨。又如，晋王坦之与法门竺法师论幽明报应[6]，约先死者报告[7]，后经年，竺法师见曰：“贫道已死[8]，罪福皆不虚，惟当勤修道德以升济神明”云云[9]。阮、王俱有才识，而一执一疑[10]，皆由躯壳上生意见[11]，所以不明大道。《书·吕刑》曰：“绝地天通，罔有降格[12]，言民神不相渎也[13]。”

大清例，扶鸾祷圣者[14]，充军三千里，亦是此意。今俗人喜谈鬼神，拜祷无虚日[15]，尔辈心无主宰，于此等事难免惶惑，致趋避失宜[16]，故拈数条示之。

注释

[1] 丘之祷久矣：出自《论语·述而》。这段文字的大意是，孔子病重，子路要祈祷，孔子问："有这么回事吗?"子路回答："有!"孔子说："丘之祷久矣。""丘之祷久矣"意为，(不必再祈祷了，由于自己的言行一向合于神明，等于）我的祈祷已经很久了。所以不必再祈祷了。

[2] 未能事人，焉能事鬼：出自《论语·先进》。大意是，人还不能侍奉好，怎么能侍奉鬼呢?

[3] 务民之义，敬鬼神而远之：出自《论语·雍也》。大意是，从事人民认为正确的工作，对鬼神敬而远之。

[4] 幽明：可见的和不可见的、无形的和有形的事物，生与死，阴间和阳间。

[5] 阮瞻：字千里。晋代尉氏县（今江苏省六合县）人。曾为太子舍人。素执无鬼论。据载：一日有人通名拜访阮瞻，与之谈论鬼神之事，来客忽然变形而灭。后年余，瞻病卒。

[6] 王坦之：字文度，谥"献"。晋代晋阳（今安徽省东至县北）人。累官中书令兼徐兖都督，封蓝田侯。法门：此泛指佛门。　竺法师：精通佛经并能讲解佛法的高僧。

[7] 约：以语言（或文字）订立应共同遵守的条件。

[8] 贫道：此为出家人自称的谦词。

[9] 升济：超度。

[10] 执：执一。固执一端，不知变通。

[11] 躯壳（ké)：身体，相对于精神而言。　意见：见解，主张。

[12] 绝地天通，罔有降格：原文是："乃命重黎绝地天通，罔有降格。"重黎，传说中颛顼时司天、司地的官名；罔，不；格，此指沟通天人意见的人。此二句意为，（命令重负责神道，命令黎负责理民）再也不降下能够沟通天人意见的通才。

[13] 渎（dú）：此意为沟通。

[14] 扶鸾：即扶乩。因传说神仙驾凤乘鸾而来，故名。

[15] 虚日：间断的日子。

[16] 趋避：此指趋利避害，趋吉避凶。

家庭直讲

[清] 陆钧川

上 卷　端本 务实

存 心

为人第一要讲存心[1]。百样事干[2]，都是心里想出来的。心里想得好，做出来也是好；心里想得不好，做出来也是不好。心里存了善念，外面就有善事做出来；心里存了恶念，外面就有恶事做出来。你看古时节有多少忠孝节义的人[3]，他是存心存得好，故做出来的好事流芳百世。又有多少奸盗邪淫的人，他是存心存得不好，故做出来的恶事遗臭万年。看起来岂不是存心为第一件要紧的事么。

我今教你为人之道，须要把自己的心来存好了。人的心最是活的，要好就好，要恶就恶。你只要把不好的心思都除去了，每样要存一个正道的心肠，就是一个定盘星一股[4]，坏事就不去做了。假如小时节要存一个读书识字的心，大起来要存一个向上学好的心，待父母要存一点孝顺心，做了官要存一片忠廉心[5]，见人穷苦要存周济心，见人患难要存哀怜心[6]，见人财物不可生贪谋心[7]，见人妻女不可生淫欲心，见人才能不可生妒忌心[8]，见人发迹不可生怨恶心[9]，每日想念要存正直心[10]，一生行事要存忠厚心。你果然每样肯存好心肠，凡有做得来的事干，越做越好了，倘有做不来的事干，也渐渐会做了。所以我讲存心为第一。

你若说道心在肚里，无人看见，时常胡思乱想，任意痴心妄想，你若生了这等念头，外面就有恶事做出来了。岂可不要心存正道么。

注释

[1] 存心：居心。即心里怀有的意念。

[2] 事干：事情，要办的事情。

[3] 时节：时候。

[4] 定盘星：指戥子或秤杆上的第一星儿（重量为零）。多用以比喻正确的基准或一定的主意。

[5] 忠廉：诚心无私。

[6] 哀怜：怜惜，同情。

[7] 贪谋：犹贪心。贪得的欲望。

[8] 妒忌：忌妒。

[9] 发迹：指由卑微而得志显达，或由贫困而富足。怨恶（wù）：怨恨憎恶。

[10] 想念：念头，想法。

立 品

为人须要立品[1]。甚么叫做立品？凡人存于胸中的为心意，发于外面的为品行。大凡圣贤良善，忠孝节义，各有品节之不同[2]。即如士农工商，文武军民，亦有人品之各异。品字原包括为人之道，所以叫做立品。

但立品是一生之事，一时讲不完，我只将外面的品貌讲与你听。假如头上戴的帽子[3]，须要端正，不可歪斜，不可压在眉上；身上穿的衣服，无论新旧，须要干净，不可渥浞[4]，须要着好，不可袒肩落肚；鞋子须要拔上，不可拖鞋踢蹋[5]；一身衣帽鞋袜，须要朴实正派，不可稀奇异样。这等叫做衣冠立品。凡人生的容貌须要端方，不可荒唐游戏[6]；行步须要持重，不可轻狂跳跃；坐立须要安稳，不可摇摆横斜；待人要有礼节，不可惰慢不恭；说话须要谨慎，不可胡言乱语；应酬须要次序[7]，不可举动慌张；行事要有身份，不可造次苟且[8]。这等都是举止立品，你须要留心学习，不可轻忽了。

还有朋友往来，须要入上等，不可入下等，叫做交游立品。最是要紧的，外面许多品格，你果然逐样学好，可知胸襟学问，也造就渐高了。你若嫌我说话平淡无奇，不肯学好，岂不是一个不知立品的人么！

注释

[1] 立品：培养品德。

[2] 品节：品行，节操。

[3] 假如：譬如，例如。

[4] 渥浞（wò zhuó）：通“龌龊”。污秽，不干净。

[5] 踢蹋：象声词。

[6] 荒唐：指行为放荡。 游戏：犹戏谑。即不庄重、不严肃。

[7] 次序：犹次第。即规矩。

[8] 造次：轻率，随便。 苟且：不循礼法。

言　语

为人须要学言语。世上的人一样，一张嘴一个舌头，不知说的话竟有大不相同的。你晓得嘴里的说话都是心里发出来的。心里正道，嘴里有正道说话；心里刁恶，嘴里有刁恶说话。虽世上尽有口是心非之辈，然究竟存中发外者居多，所以立心最要诚实，言语最要谨慎。

我今特将言语之道讲与你听。假如有了钱财，不可有骄傲说话；有了才学，不可有狂妄说话；长辈面前，不可有恃大说话[1]；女人面前，不可有粗蠢说话[2]；见人富贵，不可有不平说话；自己穷苦，不可有怨恨说话；朝廷之事，不可轻话，恐有失言；闺门之事，不可乱话，恐伤阴骘；酒中宜静默，不话为高；怒时要忍耐，不话为妙。若能如此留心，如此谨慎，说话自然学好了。

还有几项学不得的说话，我再讲与你听。假如无中生有，捏造事端，叫做说空话；有一个说一百，有一千说一万，叫做说大话；自己褒奖，叫做夸口话；批人过短，叫做刻薄话；每说一端，形容过甚，叫做无边话；每说一言，毫无信实，叫做虚浮话；撺掇是非[3]，叫做长舌话；好谈女色，叫做短命话；陷害好人，叫做作孽话；酒后胡言，叫做醉汉话；妄想富贵，叫做说梦话；专讲鬼祟，叫做说鬿话[4]；每事与人争论，叫做硬强话[5]；每事阿谀奉承，叫做蜜客话[6]。这等都不是正道说话。你若胸中通达，心里真诚，决不说这样话了。

我想，一生行事，无论贤愚、曲直、成败、兴废，都在言语上做出来的，你道说话难不难。

注释

[1] 恃大：自负高傲。

[2] 粗蠢：粗野，粗俗。

[3] 撺掇：怂恿。

[4] 鬿（qí）话：南方某些地方称“鬼”为“鬿”。鬿话，即鬼话。

[5] 硬强（qiǎng）话：强词夺理的话。

[6] 蜜客话：甜言蜜语的奉承话。

作　事

为人第一要紧的是作事。凡一生所作所为的事干[1]，总叫做作事。事业虽在外面，都要心上发想出来的。人心有善恶不同，作事有好歹各异。我今先将古今的作事讲与你听。

第一是贤良方正，忠孝节义，更有读书上进，成家立业。这等作事，真是上等之人。为人须要尽心学习，努力干办[2]。其次是安分守己，荣辱不加，或有谋衣谋食，保守身家。这等作事，俱是中等之人。为人须要留心担任，竭力支持。最下是奸盗邪淫，嫖赌吃着，荡家废产，刁恶强横。这等作事，都是下等之人。为人须要小心仔细，不可犯着。还有一等，贪小利，占便宜，刻薄成家，被人唾骂，你道学得么。还有一等，自己贫穷，只想别人财物，图谋诈骗，无所不为，你道学得么。还有一等，小有聪明，不习正经事务，情性乖张，好行邪僻，你道学得么。古今作事的善恶不等，谅你也辨得出了。

我今教你作事之道。凡事须要立定主意，心里想念这件事干，做得做不得。想来做得的，方好去做；想来做不得的，断然不可做。做出来的事干，须要上合天理，下合人情。或是忠孝节义之事，或是成家立业之事，总要遵道而行，一无苟且，才叫做作事。若不思量好歹，随意去做，只怕做的事干，好事甚少，坏事甚多，将如之何？

注释

[1] 事干：此指事情。

［2］ 干办：经办，办理。

读　书

为人须要读书。无论富贵贫贱，聪明愚钝，总要读书。富贵的不读书，难免骄奢淫逸；贫贱的不读书，尤恐放僻邪侈[1]；聪明的不读书，必致虚浮佻仫[2]；愚钝的不读书，更防顽劣强横[3]。你想，古今成败之事，忠孝节义之人，或为圣为贤，或治国治民，无一不载在书上。你若不读书，那里看得来、做得来？即如考试上达[4]，登科发甲[5]，你若不读书，那里中得来？其次如医卜、星相、商贾、书画、幕宾、书吏[6]，你若不读书，那里办得来？所以讲为人必要读书。

但读书须要朝夕用功，埋头发愤，不可偷闲懒惰。你看古时节，车胤囊萤读书[7]，孙康映雪读书[8]，江泌随月读书[9]，朱买臣樵柴读书[10]，苏秦读书以锥刺股[11]，孙敬读书以发系梁[12]，这等都是贫苦读书，后来俱成显宦[13]。

俗语道："十年窗下无人问，一举成名天下闻。"虽读书的不能个个发达，然发达的无不从读书来。平日间只将正经书多看多读，方是开卷有益。若有异端邪说，淫词艳曲，教你切不可看，戒之！戒之！

注释

［1］ 放僻邪侈：肆意为非作歹。

［2］ 佻仫（tà）：同"佻达"。轻薄放荡。

［3］ 顽劣：愚顽恶劣。

［4］ 上达：古谓君子修养德性，务求通达于仁义。此指通过科举考试以求仕进。

[5] 登科：科举时代应考人被录取。 发甲：指科考中式。

[6] 医卜：医生和卜人。 星相：此指星相家。 商贾(gǔ)：商人。 书画：书法和绘画。此指书画家。幕宾：指官府参谋顾问人员。明清后亦以称幕友。书吏：承办文书的吏员。

[7] 车胤囊萤读书：晋朝的车胤，家贫夜读无灯，就捉了萤火虫装在纱袋中，夜间借萤火虫发出的微光读书。

[8] 孙康映雪读书：晋朝孙康，家贫夜读无灯，冬天便走出家门，把书映在白雪上苦读。

[9] 江泌随月读书：南朝江泌，家贫无灯读书，夜间便随月光展卷读书。

[10] 朱买臣樵柴读书：汉朝朱买臣，早年靠打柴为生，他背柴走在路上也在读书。

[11] 苏秦读书以锥刺股：战国苏秦，深夜读书困乏了，就用锥子刺自己的大腿，继续坚持苦读。

[12] 孙敬读书以发系梁：汉代孙敬，深夜读书担心困倦打盹，常用绳子系住头发吊在房梁上，坚持夜读。

[13] 显宦：高官，达官。

技 艺

为人要晓得技艺[1]。若论技艺，原是小道，所以圣贤人不屑为，贵显人不肯做。但平常人等，多要晓得的。什么叫做技艺？就是医卜、星相、地师、画师[2]，都叫做技艺。余外如裁缝、雕刻、泥作、木作、银匠、铜匠、锡匠、铁匠、漆匠、染匠、皮匠、鞋匠、砗匠、石匠诸般工作[3]，总叫做手艺。凡人习了一项事业，须要用心习学，习得精明，逐样是好的，若习得不精，各样晓得也无用。

我今讲医道与你听。医为九流之首[4]，百艺之魁。甚么叫做九流？就是医卜、星相、地理、书画、琴棋，叫做九流。甚么叫做百艺？就是百工手艺，叫做百艺。医家原为第一等。但明医能救人，庸医能杀人，病人死活，全在医家手里。你道干系重不重？若要学医，无论内科、外科、女科、幼科、眼科、疡科、痘科、咽喉科、伤寒科、针灸科、推拿科、祝由科、符禁科[5]，十三科之中[6]，随你习一科，或兼两三科，总要读书读得多，临症临得多[7]，又要心灵意会，随症施治，不可心粗忽略，不可偏执一见。果能如此，方好行道。若习学未精就要医病，难免杀人之咎[8]，你道罪过不罪过？

我再讲地理之道与你听。天下相风水先生，十个话来十样的。你道为何？原来地理书有几十种，五行有十余家，以大略言之，有三合三元，催官纳甲，挨星卦例，大小玄空，地有龙穴砂水之不同，法有趋避朝迎之各异。若一个人只看得一部书，学得一个道法，十个人就十样了。你要学地理，必须读书，传授复验旧坟，又得心灵目巧，本事就高了。若是姿质愚笨，眼力迟钝，书不多读，心不灵变，这等相风水，大有误事，你道罪过不罪过？

世上技艺甚多，唯医家、地理两项，干系最重，须要小心，不可轻忽。其余如星卜、相面、书画、琴棋、图书、音乐、射御、筭法，总要习得精，然后做得来，百工技艺，各样皆然。你若皮毛浅见，略晓一二就要高谈阔论，哄骗人家财物，你道使得么？甚有夸张自己，褒贬他人，你道使得么？我有一句要言教你：凡习一项技艺，须要专心致志，必要成功了，方好住手。你若工夫未到，技艺未精，随意去做，草草不工，就是做到老，总是不高的。

注释

[1] 技艺：富于技巧性的武艺、工艺或手艺等。这里指做生意。

[2] 地师：指旧时看风水的人。

[3] 砗（chē）匠：雕琢玉石的工匠。

[4] 九流：这里泛指各种行当。

[5] 祝由：亦作“祝榴”。古代以祝祷符咒治病的方术。符禁：用符咒消灾祛病的一种法术。

[6] 十三科：古时中医治病所分的科目，各朝所含科目不一。

[7] 临症：指诊断和治疗疾病。

[8] 咎（jiù）：罪过，过失。

经　营

为人要晓得经营之道[1]。甚么叫做经营？就是做生意的事业。古人日中为市，皆以其所有易其所无。货财贸易，即是经营。人生世上，士农工商，要各习一业。

我今只将生意之道讲与你听。假如开店做买卖的，叫做贾[2]，出外做买卖的，叫做商，挑担做买卖的，叫做经纪[3]，相帮别家做买卖的，叫做伙计，总叫做经营。经营之道，无论本钱大小，各有经络[4]；交易须要公平，不可说骗欺人；斗秤须要一样，不可轻入重出；待人须要和顺，不可执性硬强；算盘帐目须要清楚[5]，不可失误差错。此是大关节，各人要晓得的。

还有细讲究，也说与你听。若是开店经营的，第一要置货认真，第二要伙计诚实，第三要长心守店[6]。若是外出经营的，第一要船只叫得好，第二要行家投得好[7]，第三不可嫖赌。若是做伙计的，须要勤谨诚实，不可虚浮游荡，不可贪私作弊。若是挑贩经营的，须要和气勤劳，不可强横贪懒。你若听了我的讲话，无论大小生意，做一项好一项的。

还有一说，要讲与你听。世上开张店铺的，将本求财，叨光有几？为商为客的，离乡背井，觅利甚难。凡相与交易者，须要两不伤亏，方称公道。你若独占便宜，或赊欠不还，你想做生意的，所为何事？

注释

[1] 经营：经办管理。多用于工商企业。

[2] 贾（gǔ）：古指开设店铺做买卖的商人。后泛指商人。

[3] 经纪：此指商贩。

[4] 经络：诀窍。

[5] 算盘：计算盘点。

[6] 长（cháng）心：耐心，恒心。

[7] 行（háng）家：指经营货物买卖的商行。

耕　织

为人要晓得耕织。耕是耕田、耕地，织是织绸、织布。假如做了农夫，清朝起来做到夜，那里有空闲日子。米、麦、麻、豆、棉花、菜子，各有播种时候，一项也迟不得的；又要翻垦削草，踏车戽水，栽培工夫，一项也少不得的；还要浇粪下灰，撒饼罱泥[1]，肥用本钱，一项也少不得的；更有风雨落雪，结冰打冻，也要去做；六月炎天，如炉如火，也要去做；操心劳力，直做到收了货色，还要麦玍玍，稻圈砻做米，舂碓筛煽，费了许多手脚。你道这个五谷容易吃得么。但做了农夫，总要勤劳为主，若一懒惰，就田荒地白了。

又讲那纺织的生活。若论绸绢，须要晓得栽种桑树，到四月内养蚕要四十余日，昼夜辛劳，然后做成茧子，放在丝车上，做出丝来，又放在络子上，掉起来经起来，安在机上织起来，一梭一梭，直织到成丈成匹。若论寒布，从种棉花起到收棉花住，已是辛苦得很了，又从那劫花弹花起，做到纺纱经织。不知费许多手脚，然后得成布匹。若论夏布，要从种麻子做到收苎麻，戽苎漂麻[2]，绩縩经纬[3]，刷浆纺织，不知费许多辛苦，然后得苎布。成功之后，又要或练或染[4]，唤裁缝做好，然后可以穿着。帽子鞋袜，各式如此，你道衣服难不难？

高宗皇帝御制云[5]：身披一缕，常思织女之劳；日食三餐，每念农夫之苦。故天下不独田夫田妇要晓得耕种纺织的事，就是做官做吏，读书开店，无论在城在乡，多要晓得稼穑艰难、纺织勤劳[6]；一生吃用衣着，都要节俭，不可妄费。我看目今的人，不但富贵的不晓得耕织之苦，就是贫穷的都有不知耕织、不惜物件，这等岂可学么？

注释

[1] 罱（lǎn）泥：罱，捞水草或河泥的工具。罱泥，用罱捞取河泥做肥料。

[2] 戽（hù）苎：用戽斗汲水洗苎麻。

[3] 绩縩（cài）：此指析麻成细缕。

[4] 练：煮熟生丝或生丝织品，使之柔软洁白。

[5] 高宗皇帝：指爱新觉罗·弘历（1711—1799）。清朝皇帝，年号乾隆。公元1735—1796年在位。其间用兵平定准噶尔贵族叛乱，消灭了天山南路大、小和卓木势力，加强了中央政府对西部地区的管理。公元1793年，严拒英国特使马嘎尔尼提出的侵略性要求。开博

学鸿词科，编成《四库全书》。又屡兴文字狱，以加强思想统治。后期吏治腐败，各地人民不断发生起义。公元1796年让位嘉庆，自称太上皇。 御制：旧称帝王所作为御制。

[6] 稼穑（sè）：耕种和收获。泛指农业劳动。

勤 劳

为人须要勤劳，不可懒惰。无论士农工商，富贵贫贱，总以勤劳为主。凡戏无益[1]，唯勤有功。你道勤劳从何做起？每日必须清晨早起。一人有一人的事业，一日有一日的事干，不可空闲失业[2]，错过了时光。到了夜间，若无正事，须要早睡，明日又好早起。孔夫子三计图云[3]：一生之计在于勤，一年之计在于春，一日之计在于寅[4]。幼儿不学，老无所知；春若不耕，秋无所望；寅若不起，日无所办。我看勤劳的都肯起早，懒惰的都不肯起早。你须要学勤劳，不可学懒惰。

世上有几项懒惰的弊病，细讲与你听。凡人习了赌博，一心想赌，不管正事，你道是懒惰么。次则着棋、弄骨牌、养鸟捉秋虫，不管正事，你道是懒惰么。又有吹歌唱曲、看戏听书，不管正事，你道是懒惰么。虽有几样不费钱财，然闲游浪荡，不务正业，总叫做懒惰。你肯把这些懒惰的弊病尽行除去，自然每事肯勤劳了。假如读书人，朝夕用功，手不释卷，必然才学精通，功成名就，叫做吃得苦中苦，方为人上人。若是农夫耕作，商贾经营，以及百工技艺，俱要辛勤劳苦，不可贪闲失业。你若命运好，必然发积起来；即或命不好，亦可养家糊口。如逢丰熟之年[5]，必有余蓄，倘遇凶荒之岁，也可度日。

古人言：“大富由天，小富由勤。”实是至理。有人说道：

“懒人自有懒福。”又说道：“勤劳、懒惰，是一般结局的。”这两句说话，我却不相信。

注释

[1] 戏：逸乐。

[2] 失业：不务本业，放弃正业。

[3] 孔夫子：即孔子。

[4] 寅：十二时辰之一。相当于今北京时间凌晨三时至五时。

[5] 丰熟：丰收之年。

俭 朴

为人要知俭朴。甚么叫做俭朴？就是简省节俭的说话。铜钱、银子，有正经事干，当用则用；若无正经事干，不可浪使浪用[1]。假如住的房屋，只要不坍不漏便罢了，何必定要华丽？用的器皿，只要不穿不破便罢了，何必定要好看？又如衣帽、鞋袜、被褥铺盖，只要温暖牢实，就是布素也罢了[2]，何必定要绫罗缎匹？必要洋货皮货？必要新式标致？衣服略旧，就不要着了，你道成家的如这等行为么？又如吃的粥饭，就是家常菜蔬，只要不饥不饿便罢了，何必日日动荤？只讲食品如何烧得好，如何烧得不好，看得粥饭轻忽，又要糟蹋物事，你道成家的如这等行为么？更有妇女们的衣服首饰，亦要节省朴实，不可奢华靡丽。俗话说道：“惜衣有衣穿，惜食有食吃。”小时节有得吃，有得着，有得用，要到老也有，方叫结局。古人说道：“常将有日思无日，莫待无时思有时。”你若不听好话，不肯俭朴，只怕甜在前头，苦在后头，后来懊悔迟了。

注释

[1] 浪：轻易，随便。

[2] 布素：此指布的质地、颜色都很平常。

警 戒

为人要晓得警戒。凡非礼之事，总以警省戒除[1]。我逐样细讲与你听。

世上婚丧喜庆，祀神祭祖，请宾宴客，第一讲酒。但是，吃酒须要照量，不可贪杯过饮，必致吃醉。或酒后胡言，相打相骂；或少年好饮，晚年成病。酒中误事，不可胜言。教你少吃，就是戒酒。

世间淫人妻女，是第一条恶事，叫做万恶淫为首。古人劝诫云："美色人人爱，皇天不可欺，我不淫人妇，人不淫我妻。"戒色如何戒法？假如见了妇女，不着意看她；即是认识的，不留心惹她；说话之中，不去诱她；见过之后，不去想她。凡见女色，第一要存正道心，第二要存怕事心，第三要存冷淡心。有此三条好心，淫字就不犯了。若能不犯淫字，必然福寿双全，子孙昌盛，好处不可胜言。若是好色之徒，或有破家荡产的，或有争斗相杀的，或有经官出丑的[2]，或有成病伤身的，或有妻女还报的，或有子孙不昌的，不好处亦难说尽。教你戒色，岂不是第一条好事么！

人生在世，第一讲财。无论士农工商，大小事业，非财不可，非财不行。但要得之有道，取之以义；不可求取非义，不可设计图谋，就叫做戒贪财。又要钱财当使当用，不可过于刻削，叫做戒鄙吝。凡有性格暴躁，容易动气的，也是不好。或靠勇力，或靠财势，常要与人争斗；或是相骂，伤情破面；或是相打，轻则受伤，重则致死。若事已做出，经官究治，此时悔之已晚。你若肯和气，每事让人，自戒自省，大事化小事，小事化无事，岂不好么。又有好打官司的，叫做健讼[3]，每事好胜，不肯失兴，或靠家计富饶，或靠衙门熟悉，经年累月，只讲讼事，就是赢得官司，弄得家空力竭；还有废了钱财[4]，官司又不能赢。我教你每事温善，倘有吃亏的所在，情愿吃亏；倘有失兴的事干，情愿失兴。不听讼师唆使，不听役吏撺掇，惜财忍气，不好官司，叫做戒争讼。

还有一项要戒的，你道是什么事干？讲出来是天下第一件败家的勾当，只是一项赌博。赌钱样数甚多，大小不等，总叫做赌博。世上不知败了几千几万的人家，那有一个赌中成家立业的？最恨痴愚之辈，迷而不悟，无论寒暑昼夜，专好于此。或有卖田卖地卖房拆屋，总要赌；或有脱衣典当，变卖家伙，总要赌；甚有衣食不周，饥寒冻饿，若有了几个钱，还要赌；甚有夫妻离散，儿女抛撇，若有了几个钱，还要赌。这等人，莫说爷娘教训他不转，莫说亲友劝诫他不转，就是菩萨也点化他不转，叫做爱赌，生平无厌。庞德公有戒赌诗云[5]：“凡人百艺好随身，赌博门中莫去亲；能使英雄为下贱，管教富贵作饥贫；衣衫褴褛亲朋笑，田地消磨骨肉嗔[6]；不信但看乡党内[7]，眼前衰败几多人[8]？”这首诗，是戒赌的金丹。我今也有一个戒赌的秘方教你：第一，要心里不妄想别人的钱财，第二，要眼里不去看别人的赌博，第三，要疏阔赌博的朋友[9]。若能依此三法，自然不要赌了。这个叫做真戒赌。还有几项是世人最爱的实是最无益的，如吹弹歌唱，高台演戏，迎神赛会，举国若狂；又有扮抬阁[10]，划龙船，走马灯，放烟火。种种高兴，处处皆有，不免耗费钱财，废时失业。我时常见人劝止，有人批评道：此是世俗通行之事，你若要劝诫，真是老古派，不趋时了。我应道：确真，确真。

注释

[1] 警省（xǐng）：警戒省察，警悟自省。

[2] 经官：经过官方。谓涉讼。

[3] 健讼：好打官司。

[4] 废：用同“费”。

[5] 庞德公：东汉襄阳（今湖北省襄樊市）人。躬耕于襄阳南岘山，与诸葛亮、司马徽、徐庶等友善。他拒绝刘表礼请，后隐于鹿门山，采药以终。

[6] 消磨：消耗。此指赌博输掉了田产。 嗔（chēn）：责怪，埋怨。

[7] 乡党：周制以五百家为党，一万二千五百家为乡，后因以“乡党”泛指乡里。

[8] 几多：多少。

[9] 疏阔：疏远，不亲近。

[10] 抬阁：旧时民间迎神赛会中的一种游艺项目。在木制的四方形小阁里，有两三个扮饰戏曲故事中的人物，由别人抬着游行。

中卷　孝悌　敦睦

父　母

为人第一件要紧的事，是孝顺父母。人的身体，是爷娘养出来的[1]，故叫生身父母。人得父母之精血，成了人身，住在娘肚里十个月，不是娘的精血养成来的么？出了娘胎，日夜乳哺，不是娘的精血吃大来的么？

小时节，爷娘抱进抱出，把尿把屎，着衣脱衣，含粥喂饭，那一样不费爷娘的心血？从小到大，一年三百六十日，一日十二时[2]，那一日那一时，爷娘心里不在儿女身上。儿子吃不来，巴不得要他会吃；儿子话不来，巴不得要他会话；儿子走不来，巴不得要他会走。走得来了，要防他走到水里去、火里去，又要防他身上冷热，肚中饥饱，真正刻刻留心，时时照管。倘或儿女出痧出痘[3]，伤风咳嗽，爷娘日夜看管，请医服药，巴不得要他一时就好。倘有重病，爷娘忧忧急急，扒肠挖肚，求签问卜，许神拜佛，巴不得把自身替了他。疾病好了，爷娘欢天喜地，犹如寻着了宝贝一般。

年纪到了七八岁，又要与他读书，千方百计骗他到学堂里去，请了先生，出了修金[4]，巴不得要他识字。大起来，巴不得要他成人习上，又要与他攀亲，算命合婚，行盘备礼[5]。小时联姻，大时成亲，巴不得他夫妻和睦，生男育女，成家立业。若儿子肯读书，要他去考，巴不得一考就中了。

世上有一等老年得子的，竟如得了一颗夜明珠，千依百顺，捧养大来，这等爷娘的苦心，比大概加一倍[6]。又有爷娘穷苦，省衣省食，养大儿子来，这等爷娘的劳苦，比富贵的加几倍。又有姨娘养的[7]，大娘宽宏还好[8]，若大娘凶狠的，姨娘吞声受苦，养大儿子来，这等娘恩，比大概加十倍。又有从小死了爷，寡母守节吃苦，养大儿子来，这等娘恩，比大概加百倍。世上做爷娘的，无论富贵贫贱，那有一个不爱儿女的么？你想爷娘的劳苦，那里讲得尽？爷娘的恩德，那里写得尽？

我今教你想一想看，爷娘养你，如此辛苦，如此大恩，要你做甚么？不过要你孝顺。如何叫做孝顺？孝是心里发出来爱爷娘的意思；顺是诸事不违逆爷娘的说话。假如衣服，先要做与爷娘着；酒肉菜饭，先要供与爷娘吃；天气寒暄[9]，要问爷娘冷不冷；每日三餐，要问爷娘饱不饱；早晨夜晚，要问爷娘安不安。每事要听爷娘教训，不可硬强顽劣，又要和言悦色，使爷娘欢喜；又要成人向上，使爷娘快活；不可听受妻言，薄待了爷娘；不可顾恋儿女[10]，忘了爷娘；不可嫌爷娘偏向兄弟，就冷落了爷娘；不可嫌爷娘没有家私传我，就看轻了爷娘。心里须要想道，爷娘如五谷之种，如树木之根，若无爷娘，那里有我这个身体；又要想道，爷娘生我不知费了多少心血；我养爷娘，不过报得万分之一。况且，爷娘的年纪一年老一年，我报恩的日子一日少一日。心里存了这等想念，就孝顺起来了。爷娘吃饭，巴不得要他多吃；爷娘身体，巴不得要他安健；爷娘心里，巴不得要他宽怀；爷娘寿数[11]；巴不得要他长久。倘有病痛，须要小心伏侍[12]，茶汤饮食，自不必说，更要请医调治，虽久不可怨怠。若爷娘病好了，犹如自身病好，岂不快活。倘有不测，爷娘病重身死，或爷死，或娘死，总要痛哭送终，备办丧事。

注释

［1］ 爷：父亲。

［2］ 十二时：指旧时计时的十二个时辰。古人把一昼夜平分为十二段，每段为一个时辰，合现在的两个小时。

［3］ 痧（shā）：麻疹的俗称。 痘：人和禽畜都患的一种接触性传染病，俗称天花。

［4］ 修金：亦作“脩金”。送给教师的酬金。

［5］ 行（xíng）盘：旧俗，结婚前男家往女家致送彩礼。

［6］ 大概：一般的。

［7］ 姨娘：旧时对父之妾的称呼。

［8］ 大娘：有妾之人的正妻，即大老婆。

［9］ 吃：连词。因为，由于。 寒暄：本指冷暖。这里是乍寒乍暖、乍暖还寒的意思。

［10］ 顾恋：顾念，留恋。

［11］ 寿数：年寿，寿命。

［12］ 伏侍：侍候，照料。

祖　宗

为人第一当敬重的是祖宗。生出爷来的是祖父母，生出祖来的是曾祖，里出曾祖来的是高祖，生出高祖来的是高高祖，再上是远祖了，第一世是始祖。人家的祖宗，一线传下来，子孙犹如花果，祖宗犹如根本。随你是甚么样的花果，那里有不从根本上生出来的？随你是甚么样的人，那里有不从祖宗传下来的？你道祖宗该敬重不该敬重？我今讲与你听。

假如祖父母在日[1]，做孙子的须要如孝顺爷娘一般。饮食供奉，身上衣著，不可寡薄；有病有痛，须要尽心伏侍，服药调理。倘或祖父母身死，在父亲在堂，自然父亲料理，孙子帮办；倘或父亲先死，在后祖父母身亡，须要孙子料理。衣衾棺椁，不可轻薄；做坟安葬，须要照依爷娘一样。如此就叫做孝顺的孙子了。上头高祖、曾祖若已埋葬，也不必说，若未曾入土，须要尽心安葬，不可因上辈蹉跎也要迟延推托，不可因房分穷富不同[2]，有许多延挨的说话，你肯立心办事，葬埋尽礼，就是好子孙了。祖宗弃世虽久，做子孙的不可忘记了根，到了时节，须要虔诚祭飨[3]。祖宗坟上，须要照看祭扫。若有祠堂，必要看管修理。每月朔望[4]，须宜焚香礼拜。上辈的名字，子孙不可再题，叫做犯上。上辈的好处，要时常讲与子孙听；上辈的过失，子孙切不可谈论。我想，孝顺父母，恭敬祖宗，原是一样的道理。

为何世上有不知根本的？祖父母在日，不肯供养；祖父母死后，不肯殡葬；四时不肯祭飨，祠堂不肯修理。甚有祖宗的名字，茫然不知；祖宗的过短，直说出来。又有把祖宗来烧化的[5]，又有毁弃祠堂神主的，又有毁弃坟墓荫木的。你想，这等子孙要来做甚么？反不如无子孙的，倒也安静些。

注释

[1] 在日：在世的时候。

[2] 房分（fèn）：亦作“房份”。旧指家族的分支。

[3] 祭飨（xiǎng）：同“祭享”。陈列祭品祀神供祖。

[4] 朔望：朔日和望日。旧历每月初一日和十五日。

[5] 又有把祖宗来烧化的：反对烧化先人的遗体是一种封建的孝道，作者生活于清朝，不能用今天的思想去苛求。

伯 叔

为人要敬重伯叔。伯是爷的阿兄，叔是爷的阿弟。一个祖父母生出来的，叫做嫡伯叔[1]；同曾祖的，叫做堂伯叔；同高祖的，叫做从堂伯叔；五服之外的，叫做族伯叔。近一支亲一支，远一支疏一支。若是嫡亲的，犹如爷一般尊重的，须要敬重，不可怠慢。就是堂分的、远族的，也要恭敬，不可轻慢。若伯叔无后，立嗣阿侄作儿子的，这个伯叔，就是爷一样，伯母、婶母，就是娘一样，在生供养，死后葬祭，丧制服式，都与爷娘一样的。

伯叔之外，更有爷的阿姊阿妹[2]，叫做姑娘[3]。若未曾出嫁，犹如伯叔一般；若已出嫁，要往来亲厚。我想，待爷娘，待伯叔，亦是一样的道理。为何有一等做侄儿的待伯叔如路人？或有如仇敌？想他待伯叔如此，待爷娘一定忤逆的[4]。

注释

[1] 嫡：指血统亲近者。

[2] 阿姊：姐姐。

[3] 姑娘：父亲的姊妹，即姑母。

[4] 忤（wǔ）逆：不孝顺。

兄 弟（姐妹附）

为人第一要兄弟和好。大于我的是兄，小于我的是弟。若一个爷娘生出来的，叫同胞兄弟；若前后两个娘生的，叫同父异母兄弟；若自己正出的，叫大娘生的儿子，名嫡弟兄；若自己庶出的[1]，叫姨娘生的儿子，名庶兄弟。这等都是亲兄弟，犹如人的手足一般，须要和好，须要友爱，从小到老，不可争斗，不可侵夺，不可欺侮。若能如此，就是好弟兄了。又有伯叔的儿子，叫堂弟兄，再远是从堂弟兄，更有再从远族弟兄，各宜和顺，不可相争。若论亲兄弟，总宜同居为是。内堂妯娌，总要和睦为主。倘嫌人众事繁，意欲分居各爨[2]，各人要心平，各人要公道，不可争长竞短，不可贪多嫌少。各人存一点情让的心肠，分家就公平了。分开之后，要如同一家一般。若弟兄富起来，我不要滋累他[3]；若弟兄穷苦的，我须要提拔他；若弟兄有事干，要真心帮助他；若弟兄不习上，要尽心劝化他；若弟兄薄待我，不要记念他；若弟兄的儿子，须要照管教训他；若弟兄死了，遗下寡妇孤儿，须要竭力照料，不可没良心欺侮他，不可看冷破不管他。总是一句说话，弟兄是一本所生的，你若想着爷娘面上，待兄弟自然好起来了。

又有同胞姊妹，从小要和睦，不可夺衣夺食，大起来要好待，不可刻削鄙吝[4]。爷娘尚在，自然爷娘作主匹配；爷娘已死，必须弟兄作主。人家、夫婿必须尽心拣选；嫁资奁赠[5]，必须竭力备办。我看待弟兄好的，待姊妹必然不薄。我看世上弟兄不和的，同居之时，或私蓄钱财；分居之时，或争夺家业；分居之后，或欺刻算计；弟兄死后，或欺侮孤寡。这等人全无手足之谊，全无骨肉之情，也要讲他做甚么。

注释

[1] 庶（shù）出：妾所生的子女。

[2] 分居：分析家产，各自过活。 爨（cuàn）：烧火煮饭。

[3] 滋：愈益，更加。

[4] 刻削：苛刻，严酷。 鄙吝：过分爱惜钱财。

[5] 嫁资：亦作“嫁赀”。女子出嫁时，娘家陪嫁的财物。奁（lián）：陪嫁的衣物。

夫 妇

古圣人定夫妇之道，合两姓之好，男为夫，女为妇。男子秉乾道之刚[1]，女子配坤德之顺[2]。我今将夫妻之道讲与你听。

娶妻须要父母作主，若父母过世，要祖父、伯叔、阿兄作主；若俱过世，然后自己行事。大凡婚姻，不可攀同姓，不可攀老亲上下辈的女子，须要年纪相若，家门相配，凭媒作伐[3]，行聘成亲。这个才是正礼。若娶了娘子，第一要教她孝顺翁姑[4]，调和妯娌；又要言语温善，勤俭成家[5]。倘或娘子愚钝，须要教导，不可乱骂乱打；若有病痛，须要调治，家常衣食，不可缺少。

夫妻之道，总以和顺为主，叫做家和万事兴；若夫妻不和，家道难成。俗语道：“家有贤妻，夫不遭横事。”但妻虽聪明，不可使与外事。若生男育女，各宜抚养教训。古人四十无子，必须娶妾传后。孟夫子说道[6]，“不孝有三，无后为大。”若家贫不能娶妾，亦宜立继，以接宗嗣。我所讲的，是男子有室，女子有家，叫做琴瑟调和、夫倡妇随之道[7]。还有夫妻不好的，也讲与你听。或有娶了妻子，一味宠爱，忤逆公婆，妯娌不睦，勤吃懒做，搬是说非；或有男子怕妻，女掌男权，这等都叫做呆夫。又有娶了妻子，不知照顾，只管自己游荡，家中无衣无食也不管，娘子有病有痛也不管，儿女要吃要着也不管，这等叫做懒夫。又有娶了妻子，自不成人[8]，家中穷了，要娘子吹歌唱曲，出乖露丑，这等叫做贱夫。又有年过六旬，有妻有子，还要娶妾，耽误人家女子。又有家计富饶，多纳婢妾，见貌美的多留几年，见貌丑的即行回去，这等叫做狂夫。凡为夫妇之道，宜各尽其礼，若有一个不好，就不成事体了，你可晓得么？

注释

[1] 乾（qián）道：天道，阳刚之道。

[2] 坤德：地德。此引申为妇女之德。

[3] 作伐：《诗·豳风·伐柯》中有“伐柯如何，匪斧不克；娶妻如何，匪媒不得”的句子。后因称作媒为“作伐”。

[4] 翁姑：公婆。

[5] 成家：兴家，持家。

[6] 孟夫子：指孟子，名轲，字子舆。下文所引“不孝有三”二句，出自《孟子·离娄上》。意思是，不孝顺父母的事有三种，其中以没有子孙为最大。

[7] 琴瑟：弹奏琴瑟。比喻夫妇间感情和谐。亦借指夫妇匹配。 夫倡妇随：亦作“夫唱妇随”。谓妻子唯夫命是从，处处顺从丈夫。

[8] 成人：成器，成材。

教　子

为人要晓得教训儿子。若生了儿子不能教训，大起来嫖赌游荡，忤逆爷娘，将若之何？所以要从小教训的。

小时节，要教他吃相好，行住坐立，俱要有样式，不许他骂人，不许他戏谑，不许他谎说。四五岁，要教他学拜揖、记数目[1]。五六岁，要教他识方字[2]。七八岁，要送到学堂里读书，不许他懒学，不许他顽皮。凡小时节，只要他不冻不饿，不可把好衣著惯了，不可把好食吃惯了，不可随他的心意，把性格习惯了。读书要查他的功课，不可点名画卯混过了[3]。若会做文章，须要他去考试，巴个功名出身。若出了学堂，或做生意，或学技艺，或耕田地，无论穷富，总要有些本事。须要诚实，不可闲游浪荡。学了本事，又要教他为人之道。到了十六七岁，一样一样要使他去做，若做得来，自不必说；若做不来，必须再教，要他会做了，然后住手。儿子乖的，必要教训；儿子呆的，更加要教训。儿子多的，都要教训；一个儿子，愈加教训。为非作歹，须要禁约他；酒色财气，须要警戒他；结交匪类，须要止遏他；古今事业，须要开导他。一样一样循循教训，自然成人习上了。

世上有爱惜儿子的，千依百顺，从不教训。若儿子果然是个豪杰，小时节不教训，大起来也自成人的，这个是上等之人，不教而善。但上等甚少，中等、下等甚多，总要教训好来的。若养了儿子，全不教训，小时节错过了，大起来挽回不转，或是败家，或是忤逆。此时爷娘稍微省悟，想要教训，他的性子强得很，遍诉亲友，他的面皮老得很，告禀官府，他的胆子大得很。真正无药可医，无法可治了。这等虽是儿子不好，也是爷娘无教训所致。圣贤人说道："爱而不教，是禽之爱。"我想禽兽大起来，无坏事做出来；护短了子孙，大起来有坏事做出来。你道生了儿子要教训不要教训？但世人溺爱者多，有赞他儿子的就欢喜你，批他儿子的就怪恨你，这个真是大弊病。

注释

[1] 拜揖：打躬作揖。过去教儿童的旧礼数，现早已废除。

[2] 方字：指供幼儿识字用的书于方块纸上的字。

[3] 画卯：旧时官署规定卯时（上午5—7时）开始办公，吏胥差役按时赴官署签到，听候差役，称"画卯"。

此指学生上课老师点名画到。

训　女（戒溺女附）

为人要晓得训女。有人说道："女儿要娘管的，为何也要爷教训起来?"那里晓得，娘管的是梳头、烹调、针线、纺织等事。若论大关节目，爷娘都要管的。

大凡生了女儿，三四岁之时，原与儿子一样的。到了五六岁，要她住在里面，不可放野了。到了七八岁，要教她读书识字；若不读书，要教她学些生活，就是扫地、烹茶、纺纱、绩线之类，都要习学的。到了十来岁，不许她到外面闲走，不许她同小儿们玩耍。若要读书，不可与十岁外的学生同学堂。日间吃饭，要同妇人们同吃；夜间要跟妇人们同睡。到十二三岁，年纪已不小了，要她习女工针黹。见了男人，要教她回避，见了客人，要教她有规矩，不许她多笑多语。若到亲眷人家去，须要妇女陪伴，不许她一个独去。乡邻人家，不许她勤走。乡邻或有妇女，不许她夜间去作伴同睡。到了十四五岁，已是长成了，教她须要勤俭，习女工之外，又要教她烹调饮食之事。以后一年大一年，须要教她稳重，少话少笑，不许她外面探望，不许她妖娆打扮，不许她早眠晚起，不许她高声笑语，不许她探亲望眷，不许她入庙烧香，不许她吹弹歌唱，不许她看淫词小说，不许她掷骰子弄骨牌。

大凡女子，总要善淑端静[1]，不辞劳苦，叫做妇德、妇言、妇工、妇容[2]，谓之四德[3]。生了女儿，从小到大，那一日不要照管教训么？至于攀亲一事，须要得知得见，门当户对，年纪相配，女婿端正，就是好了。若攀了亲，盘中礼物，不可要多嫌少，婚期迟早，不可违拗男家。嫁了出去，须要教女儿孝顺翁姑，敬重丈夫，长幼和睦，妯娌调和；又要言语温和，勤俭成家；若娘家无事，不可时常回来。人家肯如此教训，这个女儿必然贤德了。

若生了女儿，只晓得爱惜，不晓得教训，女儿日渐长大，无羁无束，倘有不端，你道体面么？或有攀了亲，见女婿穷了，或女婿有了病，就要赖婚另嫁，你道使得么？又有女儿出嫁了，不教她孝顺善淑，反教她忤逆刻薄；又女婿前妻或偏房生的子女，不教女儿爱惜，反教她欺侮，你道使得么？或有不知三从的道理。什么叫做三从？在家从父，出嫁从夫，夫死从子。生了女儿，这个三从四德岂可不教训么？

世上有生了女儿把来出家做尼姑，害了她终身，你道作孽么？还有一等可恶的，人家生了女儿，才养出来，就放在水里淹死了。你想她投个人身，也不容易的，才离母腹，胞血淋漓，无罪杀身，苦难言状，岂有做了爷娘如此残忍么？

注释

[1] 善淑：贤良美好。

[2] 妇德：谓妇女贞顺的德行。为妇女四德之一。　妇言：旧时指妇女的言辞。为妇女四德之一。　妇工：亦作“妇功”。旧时指纺织、刺绣、缝纫等事。为妇女四德之一。　妇容：旧指妇女端庄柔顺的容态。为妇女四德之一。

[3] 四德：封建礼教指妇女应有的四种德行。

睦　族

为人要晓得睦族。甚么叫做睦族？我讲与你听。凡人家一姓之中，假如五服之内的[1]，叫做近房，五服之外的，叫做远房，总是一个始祖传出来的。无论有服无服，无论年纪大小，无论住居远近，总叫做同族。若不是一个始祖传下来的，叫做同姓不宗。我今要讲同宗的与你听。

先要讲行辈大小[2]，称呼不差。假如见了长辈，虽年纪小于我的，也要恭敬他。假如见了小辈，或有年纪大于我的，须要看起他。倘有婚丧喜庆，该请宴须要请宴，该相帮须要相帮。倘有坟墓祠堂，该共仪当要共仪，该出费当要出费。倘有族中穷苦，须要尽力周济。倘有族中富足，不可移借缠扰。凡是同族的人家，巴不得他兴旺富贵：一则是祖宗的光辉，二则是族中的体面，三则富足之家必有益于族中，贫贱之家都有累于族中，你道要族中兴发么？宋朝有个范文正公做了官[3]，将这些俸禄尽买了田，归在祠堂里作为义田，每年收了租米，分与族中人吃，凡婚丧嫁娶，寡妇孤儿，多有给助，至今族中大盛，旧制不废。近来富贵之家，都有效法范文正公的美事。总是有道理、有义气的人，看合族犹如一家，肯推情周济。

无奈世上器薄者多[4]。或有上辈欺小辈，或有小辈欺上辈，或有富的欺贫，或有穷的欺富，或婚丧不来不去的，或当面无有称呼的；甚有同族争讼犹如仇敌；更有同族乱伦竟如禽兽。这等也叫做同宗合族么？还有自己无子，有嫡侄应嗣他不要领，或堂侄、族侄应继他不要领，倒去领外姓的，或女婿，或外甥，或内侄，或素无亲识，不论外姓隔宗，居然当了儿子。即是住得牢，也是异姓乱宗，把自己的宗派改换了；倘或住不牢，子孙或有归了宗，把我这个姓来都绝灭了。况世俗过继的，归宗复姓者多，你想过继外姓，岂不是痴呆蒙懂么[5]？

还有一等同姓不宗的，见有乡绅仕宦，就去送银子联宗谱，冒为同族，将别人家的祖宗认为自己的祖宗，你道可笑么？还有同姓不宗的，乡宦富族，尚未通谱认识，有人说了名字，他就接应道："这个是我的寒族"，或"家叔、家伯"，随口乱叫，你道可羞么？我看世人，见有财有势的，实不是同族，要认做同族；若同族贫贱的，真是同宗，不肯认做同宗。这等丑态薄情，教你断然学不得。

注释

[1] 五服：谓高祖父、曾祖父、祖父、父亲、自身五代。

[2] 行（háng）辈：辈分。

[3] 范文正公：即范仲淹（989—1052），字希文。苏州吴县（今属江苏省）人。北宋大臣、文学家。官参知政事等。仁宗时与韩琦率兵共御西夏，名震一时。卒谥"文正"。工诗词散文。有《范文正公集》。

[4] 嚣薄：浮薄。

[5] 蒙（měng）懂：糊涂，不明事理。

下　卷　　应酬　世务　积善　畏刑

乡　邻

为人须要和睦乡邻。甚么叫做乡邻？五家为邻，二十五家为里，一万二千五百家为乡，五百家为党。凡人家总有乡党邻里的，近的为近邻，远的为远邻，也有同姓的，也有异姓的。乡邻最是要紧的，日间出门就见，夜间灯火相照，乡邻犹如唇齿，彼此相依。设或有盗进来，你道要乡邻赶捉么？有烽烟火烛，你道要乡邻救灭么？有官司讼事，你道要乡邻保护么？凡人家，或穷或富，无有不要乡邻。所以俗语道："先有邻，后有亲。"恰是至言。

我今教你和睦之道。如见了长者，须要恭敬；见了小者，须要爱惜。言语要和气，作事须要公正。乡邻有穷的，可以资助他；乡邻有富的，不可累涉他；乡邻有孤苦的，须要看顾他；乡邻有强横的，宁可让了他。又妇女之中，须要忍耐，不可话是说非。小儿之中，须要和好，不可争长论短。你若听我的讲话，乡邻如亲友一般，岂不好么！

若不听好言，乡邻必然不睦了。或有酗酒撒泼，叫骂乡邻；或有败家荡产，滋累乡邻；或诈乡邻财物；或占乡邻妻女；或撺掇是非；或唆使告上；或因借掇不遂[1]，相打相骂；或因田宅交关[2]，成仇结讼；或有爱嫖爱赌，引诱乡邻子弟；或有不轨不法，连累乡邻好人。诸如此类，难以尽举。若里中有了这等人，总是乡邻无造化[3]。

注释

［1］ 借掇：以借为名取人钱物。

［2］ 交关：牵连，相涉。

［3］ 造化：福分，幸运。

亲　戚

为人要重亲戚。如爷的娘舅、舅母，爷的表弟兄、表侄，更有姑夫、姑娘、姑娘的儿子，都叫父党之亲[1]。如外公、外婆，娘舅、舅母，娘姨、姨夫、表兄弟，都叫母党之亲[2]。如岳父母，阿舅、内侄，都叫妻党之亲[3]。又有姊夫、妹夫两家亲眷，叫郎舅之亲[4]。又有儿子的岳父母、阿舅[5]，女儿的翁姑、夫婿，这两家叫儿女之亲。世上那一家无亲戚的么，总要好来好去。凡新岁之时，各宜来贺节。若有婚丧正事，必须通知，先讲父党之亲，再讲母党之亲，次及姊夫、妹夫之亲，然后妻党及儿女之亲。

亲戚往来，须要至诚为主。若送礼物，须要丰俭得宜，不可嫌多道寡，不可过于奢华。即聘礼妆奁[6]，亦须各照门墙[7]，不可过于好胜。留亲款待，须要得当，不可过于丰美，不可过于简慢。待老亲，不可太薄；待新亲，不可太浓。你若真诚朴实，好来好往，这个亲眷必然长久的。

我看今日的亲戚，不似这样讲话了。第一是儿女之亲，第二是妻党之亲，若论母党之亲，就看轻了，至于父党之亲，竟不讲了。还有一项寄名亲眷，不论是亲非亲，只要有财有势，把儿女寄名于他，往来绵密，胜似至亲。还有自己家财废尽了，只管到亲眷人家滋累剥削，这等岂不惹厌么？还有见了穷亲戚，虽是至亲，也不来不往；见了富饶的，虽略带微亲，或几代表亲，竭力奉承，不时亲近，这个叫"贫穷闹市无相识，富贵深山有远亲"。常看世态炎凉，不觉为之一叹。

注释

［1］ 父党：父系亲族。

［2］ 母党：母族。母家之亲族。

［3］ 妻党：妻族。妻的娘家亲族。

［4］ 郎舅：姊妹之婿为郎，妻之兄弟为舅，合称郎舅。此专指前者。

［5］ 阿舅：本指母亲的兄弟。此指儿媳之兄弟。

［6］ 妆奁：指嫁妆。

［7］ 门墙：连接大门处的院墙。借指门庭。

朋　友

为人须要朋友。朋友是五伦之一[1]。甚么叫做五伦？君臣、父子、夫妇、昆弟、朋友[2]。上四项，你既晓得了，如今单讲朋友之道。

凡人小时节全在父母教训。读了书全在先生教训，一举一动，总学先生格式，所以从师要从得好。若论大起来，不肯纯学先生了，心里自生志气，外而自有相好，相好即是朋友，总是同道同志者多。古人说道：门内有君子，门外君子至；门内有小人，门外小人至。朋友最易习染，叫做近朱者赤，近墨者黑。结交须要谨慎，我讲与你听。

如要相与交友，必先论其人品若何？行事若何？性格气量若何？学问才艺若何？银钱交关若何？若有几样合意，我去交友他，自然有益于我。或助我学问，或教我作事，或缓急相通，或患难相顾；或穷时交友的，发达了不淡薄；或小时交友的，到老来不忘记。这等朋友，真是有情有义。不但贫穷的要交友他，即是富贵的也要交友他；不但自身受其益，即是子孙也有受其益。你道这等朋友可好么。

无奈世态炎凉，人情嚣薄，这等朋友，近来甚少了。你道那一等朋友甚多？每常吃酒作伴，豁拳行令[3]，终朝同醉[4]，扶来扶去，这等叫做酒肉朋友。又有晨昏早晚挤在一处，丝弦鼓板，吹弹歌唱，这等叫做清客朋友。又有赌场聚兴，结伴耍钱，叫做赌博朋友。甚有见你发积，来结识你，见你穷了，就冷淡你，叫做蔑片朋友[5]。更有外面十分要好，心里起了恶念，或算计朋友的钱财，或奸淫朋友的妻女，这等叫禽兽朋友。世上人物，善恶、邪正、好歹不一，习上的结交了高朋友，习下的结交了低朋友，总要自己寻出来的，你道要问那一个。

注释

[1] 五伦：亦称“五常”。旧指君臣、父子、兄弟、夫妻、朋友之间五种伦理关系。

[2] 昆弟：昆，兄。昆弟，兄弟。

[3] 豁（huá）拳：饮酒时的一种博戏。两人同时喊数并伸出拳头，以所喊数目与双方伸出拳指之和数相符者为胜，败者罚饮。

[4] 终朝：整天。

[5] 蔑（miè）片：犹请客。旧时富豪人家专门帮闲凑趣，

图取余润的门客。

济　人

为人须要济人。济人不论大小，不论穷富，只要一念之善，有益于世，就叫做济人。譬如见人穷苦，赠以财物；见人寒冷，施以衣服；见人饥饿，给以饮食。都叫做济人。更有修桥补路，修造渡船；荒年赈饥施粥，四时常施茶汤；桥上点火照暗，夜间施烛施灯；夏施蚊帐，冬施棉衣；见有贫病的施以药饵，死无收殓的施以棺木，设义塚以埋暴露之尸棺；兴义学以教贫穷之子弟。这等都叫做济人，都要破费钱财的。若家中可办，须要竭力去做，所谓日日行方便，时时发善心。若是贫穷的，自有不费钱财的好事，甚可以做得。譬如见人办事不成，我去帮助办成；见人相打相骂，我去劝解分开；见人在患难之中，我用好言救拔；见人有借贷等事，我不去离间他，宁可周全他；见人有交易等项，我不去说破他，宁可玉成他[1]。这等都是方便之事，也叫做济人。只要开口数言，就是一端好事，在我不费钱财，在人已是感激。以上种种济人之事，教你各样体想，各发善心。力量能办的，须要踊跃向前；力量不能办的，亦要发心想办。若生如此好念，自然济人渐广了。

倘若不存好念，不发善心，随你地狱在前，他不肯回心；随你苦楚不堪，他不肯救济；随你极美的事，他不肯干办；随你极易的事，他不肯效力；见你要成事，他来破散你；见你有患难，他来攻击你；见你行好事，他来诽谤你；见你有紧急，他来放冷你[2]。这等鄙陋不堪、滥恶小人[3]，纵使有财有势，我不去敬重他。

注释

［1］ 玉成：成全。

［2］ 放冷：暗中伤人的意思。

［3］ 滥恶：恶劣。

爱 物

为人须要爱物。物是鸟兽虫鱼之类。人生在世，天生万物以养人身。为何要你爱物？爱物不是教你吃素。凡遇事过节，祭祖宴客，婚男嫁女，亲友往来，都要宰杀物类，以供肴馔。岂可教你禁宰么？但人家有事的日子少，无事的日子多，闲常日子，须要爱惜物类，不可无事杀生。若果富贵之家，只消一物两物也够了，何必定要几簋几品[1]？若是不足之家，就是豆腐蔬菜也罢了，何必定要鱼腥虾蟹？日渐爱物，不但简省而且积福。孟夫子说道[2]："见其生，不忍见其死；闻其声，不忍食其肉。是以君子远庖厨也[3]。"莲池大师有放生文[4]，纯阳祖师有戒杀歌[5]。儒释道三教[6]，皆以爱物为念，以不杀为仁。我教你爱物，岂不是省俭积福么？

还有一条讲话，为人要吃荤腥，就是鱼虾、鸡鸭、猪羊，是大概吃的，倒也罢了。世人还要吃牛肉、狗肉，真正罪过。虽古人说道："马牛羊，鸡犬豕，此六畜，人所饲[7]。"但不想牛的功劳耕田耕地，车水推磨，所吃不过是柴草，所做大益于人间。世上若无牛畜，百姓还要吃多少辛苦哩。为人岂可不念其劳苦，倒要伤他的命，剥他的皮，抽他的筋，敲他的骨，食他的肉，煎他的油，你道罪过么！你不想这只狗，日夜守家，所吃残物，见陌生人总要咬吠，见穷主人总不肯去[8]，你道有义么！为何人不想念，把来杀了他、吃了他，你道罪过么！还有用火枪打鸟的，或有在上飞的，或有在树歇的，他用了火药铁机，哄的一响，鸟就打死。若打死了雄的，雌鸟孤栖；若打死了雌的，雄鸟失伴；若打死了母鸟，小鸟饿死了。所以俗语道："劝君莫打三春鸟，子在巢中望母归。"看来打鸟的，你道罪过么！还有出猎的，用枪用网，放鹰嗅狗，也有带伤逃命的，也有无处躲避的，活活跳跳的生命，顷刻烹庖供食，你道罪过么！以上都是嘴里要吃他，所以杀生害命，犹有解释。

还有不要吃它，也是杀生害命，真无解释的。如养鹌鹑、黄头、攒绩之类[9]，我养的巴不得咬死了他养的，若我的斗输了，就把来捏死了，你道罪过么！还有捉飞禽来关在笼里，捉了兽来牢在圈里，若是好的，多养几时弄死了，若嫌不好，就把来弄死了，你道罪过么！这等是游手好闲，不为口腹，只为玩耍，惯要弄杀虫鸟，也叫做杀生害命。我教你爱物，不是叫你吃素，只要该杀则杀，不该杀就放了，难道也做不来么？

注释

[1] 簋（guǐ）：古代祭祀宴享时盛黍稷的器皿。一般为圆腹，侈口，圈足。　品：事物的种类。

[2] 孟夫子：指孟子。

[3] "见其生"五句：出自《孟子·梁惠王上》。大意是，（君子对于禽兽）看见它们活着，就不忍心看见它们被杀死；听到它们的哀鸣声，就不忍心吃它们的肉，所以，君子总是要远离厨房，就是这个道理。

[4] 莲池大师：明高僧。本姓沈，名袾宏，字佛慧，号莲池，仁和（今浙江省杭州市）人。世称"莲池大师"，又称"云栖大师"。

[5] 纯阳祖师：传说中神仙吕洞宾的别号。亦称"纯阳子"。相传为唐末人。名岩。举进士不第，后隐居终

南山，不知所终。

[6] 儒释道三教：指儒教、释教、道教。儒教，指儒家学派。又称孔教。中国历史上把孔子创立的儒家学派视同宗教，与佛教、道教并称为三教。释教，指佛教。道教，我国主要宗教之一，东汉张道陵根据传统的民间信仰而创立，到南北朝时盛行起来。奉元始天尊、太上老君为教祖。初时，入道者须交五斗米，故又称“五斗米道”。金元以后分正一、全真二派。

[7] “马牛羊”四句：出自南宋王应麟《三字经》。豕，猪。这四句大意是，马，牛，羊，鸡，狗，猪，这“六畜”，是人民饲养的主要家禽家畜。

[8] 去：离开。

[9] 鹌鹑、黄头、攒绩：均为善斗之鸟。

刑　法

为人要畏刑法。刑法是国家所制禁治百姓的。人生在世，须要小心谨慎，不可犯着，叫做死者不可复生，刑者不可复赎[1]。但刑律共有四百一十条，更有许多特别法，一时不能尽讲。我略抄几条要紧的读与你听。

先读伤害律。凡伤害人致死或笃疾者[2]，无期徒刑或二等以上有期徒刑；致废疾者，一等至三等有期徒刑；致轻微伤者，三等至五等有期徒刑；决斗者，处四等以下有期徒刑、拘役或三百元以下罚金。还有同族一家之中小辈伤害尊亲属者，致死或笃疾者，死刑或无期徒刑；致废疾者，死刑、无期徒刑或一等有期徒刑；致轻微伤害者，一等至三等有期徒刑；律法更重，各宜恭敬和睦，不可轻犯。

再读赌博律。赌博财物者，一千元以下罚金；以赌博为常业者，三等至五等有期徒刑；聚众开设赌博以营利者，三等至五等有期徒刑，并科五百元以下罚金。

再读犯奸律。和奸有夫之妇者[3]，四等以下有期徒刑或拘役；良家无夫妇女者，五等有期徒刑或拘役；其相奸者亦同。强奸妇女者，一等或二等有期徒刑；奸未满十二岁幼女者，以强奸论。引诱良家妇女卖奸以营利为常业者，三等至五等有期徒刑，并科五百元以下罚金。本宗缌麻以上之亲属相和奸者[4]，处二等至四等有期徒刑。犯强奸之罪故意杀人者，死刑。

再读强窃盗律。窃取他人所有物者，三等至五等有期徒刑。窃盗侵入现有人居住或看守之第宅、建筑物、矿坑、船舰内者，或结伙三人以上者，二等至三等有期徒刑。以强暴胁迫强取他人所有物者，为强盗罪，一等至三等有期徒刑。窃盗及防护赃物、脱免逮捕、湮灭罪证而当场施强暴胁迫者，以强盗论。强盗侵入现有人居住或看守之第宅、建筑物、矿坑、船舰内者，结伙三人以上者，伤害人未致死及笃疾者，无期徒刑或二等以上有期徒刑。强盗结伙三人以上在途行劫者，在海洋行劫者，致人死或笃疾或伤害至二人以上者，在盗所强奸妇女者，死刑、无期徒刑或一等有期徒刑。强盗故意杀人者，死刑或无期徒刑。更有惩治盗匪法。强盗匪徒特别加重，分别处以死刑，不准上诉，核准后，即须执行。

更讲鸦片烟律。制造鸦片烟，或贩卖，或意图贩卖而收藏，或自外国贩运者，处三等至五等有期徒刑，并科五百元以下罚金。开馆供人吸烟者，四等以下有期徒刑，或拘役，并科三百元以下罚金。栽种罂粟者[5]，四等以下有期徒刑、拘役或三百元以下罚金。吸食鸦片烟者，五等有期徒刑、拘役或一千元以下罚金。收藏烟具者，一千元以下罚金。

其余法律甚多，未能尽讲。你看受罪坐监坐狱，不见天日，这等苦楚，犹如地狱一般，随你铁石心肠，也要回心转意，随你虎狼性子，也要胆怯心惊。你要小心谨慎，不犯刑法，岂不安乐么！所以俗语道："但存夫子三分礼[6]，不犯萧何六律条[7]。"实是要言，你须谨记。

注释

[1] 刑：指肉刑。　复赎：赎，弥补。复赎，恢复。

[2] 笃疾：重病。此指伤害造成的重伤。

[3] 和奸：男女双方无夫妻关系而自愿发生性行为。

[4] 缌（sī）麻：古代丧服名。五服中之最轻者。孝服用细麻布制成，服期三个月。此指五服以内的亲属。

[5] 罂（yīng）粟：二年生草本植物。叶长椭圆形。夏季开花，花瓣四片，红、紫或白色。果实未成熟时划破表皮，流出乳状白液，可制鸦片，含吗啡和其他生物碱，有镇痛、镇咳和止泻作用，但常用能成瘾。果壳亦入药。花供观赏。后多以之为生产毒品的原料。

[6] 夫子：孔门尊称孔子为夫子，后因以特指孔子。

[7] 六律条：指萧何的《九章律》中前六章有关刑罚方面的规定。

家庭谈话

［清］佚名

孝亲

本书开卷第一条，先从孝亲说起。亲字，指父母而言。孝亲，就是孝顺父母。论起孝亲的道理，千条万绪，一时那能说尽，只得略举大要[1]，将来体验推广，随时实践可也。

今先从我们身上设想。我们身体，本是父母所生的。我们有了身体，就能自活不能[2]？你看一二岁的小儿，所饮食的，是母亲的血液；所衣所住的[3]，是父母的怀抱。寒暖饥饱不能自言，父母于无形中加以体贴；疾病痛苦不能自言，父母无须臾稍解忧愁[4]。孔子说："子生三年，然后免于父母之怀[5]。"可知父母待子的情形是如何千辛万苦呢。人子渐长[6]，父母又须为之谋衣食、谋教育。总之，人子自孩提以至成人[7]，其身体发肤，道德知识，无一非父母所赐[8]。《诗经·蓼莪》一篇[9]，有两句话说得最为恳切，是"欲报之德，昊天罔极[10]"，可见父母的恩比天还高呢！今日尽些孝道，想报答父母的恩，真是毫毛之比泰山，若更不知尽孝，那还成为人么？人人皆有父母，人人就当讲孝道绝非高远，确是人人能做的。今提出两个纲领来：

第一是养亲的身。比如，冬天恐父母寒，必设法使之温暖；夏天恐父母热，必设法使之清凉；父母喜好的食物，取来请父母吃；父母喜好的衣裳，做成请父母穿。无论何时，总要使父母的身体安泰[11]。父母的身上舒服，我们的心里自然就舒服了。

第二是养亲的志[12]。比如，父母怕子女疾病，我们就竭力卫生；父母望子女成人，我们就竭力求学；父母所喜欢的人，我们就敬重他；父母所嫌恶的事，我们就戒除他。一举一动，要时时想着父母；父母的心欲如何，我们就如何去做。《曲礼》说“视于无形，听于无声[13]，这真是养志的要言呢。”

更有一层，养身养志，虽然是两个意思，其实养志却包括养身在内。人子奉养父母，须是得父母的欢心。设如知养身而不知养志，父母之心不安，人子更何得言孝。我们身为人子，必须孝亲；欲孝亲必须养志。若真能看定养志二字的精意[14]，竭力尽孝，这就是入德之门，将来扩充起来，真是一生受用不尽。曾子说：“居处不庄非孝，事君不忠非孝，莅官不敬非孝，朋友不信非孝，战阵无勇非孝[15]。”可见凡百事理[16]，何一不为孝道所包涵。果能就孝亲的道理时时体验，处处实行，实在是做人的根本了。

注释

[1] 大要：要旨，概要。

[2] 自活：自求生存。

[3] 衣：穿。

[4] 须臾：一会儿。

[5] “子生三年”二句：出自《论语·阳货》。大意是，儿女生下来，三年以后才能完全脱离父母的怀抱。

[6] 渐长（zhǎng）：逐渐长大。

[7] 孩提：指幼年。

[8] 赐：给予。

[9] 《诗经》：儒家经典之一。编成于春秋时代，共三百零五篇。分为“风”“雅”“颂”三大类。是中国最早的诗歌总集。　《蓼莪》：《诗经·小雅》中的一篇。

这是一首人民苦于兵役，悼念父母的诗。作者深痛自己久役贫困，不能在父母生前尽孝养之责。

[10] “欲报”二句：出自《诗经·小雅·蓼莪》。昊（hào）天，苍天；罔极，没有准则。这两句诗意是，我刚要报答父母的恩德，上天毫无准则使我孤独（指自己独行服役而不能终养父母）。

[11] 安泰：指身体安康。

[12] 志：指感情。

[13] 《曲礼》：《礼记》中的篇名。《礼记》亦称《小戴记》或《小戴礼记》。儒家经典之一。秦、汉以前各种礼仪论著的选集。相传西汉戴圣编纂。是研究中国古代社会情况、儒家学说和文物制度的参考书。“视于”二句：出自《礼记·曲礼上》。大意是，作为人子，敬视父母的形象，铭记在心，不见于形色，谛听父母的话，似不闻其声，以示敬意。

[14] 精意：精深的意旨。

[15] “居处”五句：出自《大戴礼记·曾子大孝》。

[16] 凡百：一切。

友爱

人皆有身体，今借身体比喻一事。身有四肢，二足二手。手位于上，足位于下，左手、左足位于左，右手、右足位于右，位置固判然不同[1]。然至作事的时候，手可以帮助足，足可以帮助手，左手、左足，右手、右足，又可以互相帮助，绝不因位置不同彼此不相照顾。所以四肢完全，遍体活泼。若是一肢不具，此人就成为废人了。一身如此，一家亦然。

家庭之中，除父母而外，最亲近的莫如兄弟。从孩提之时，父母左提右携，食则同案[2]，睡则同席[3]，出入则同行，弟有疑莫能明的事[4]，可以请教于兄，兄有力不能举的事，可以借助于弟。兄弟生于一家之中，正如手足生于一身之上。兄弟有互相亲爱之情，正如手足有互相补助之益。古人往往借手足比喻兄弟，真是善于比喻的了。诸生皆知手足痛痒相关，就应知兄弟友爱之情固结莫解，为兄的须爱弟，为弟的须敬兄，勿因忿怒而伤手足之情，勿因小嫌而减天伦之乐[5]。须知兄弟同气分形[6]，谊由天定。若兄弟不能和睦，就如手足相争，欲去手而存足，或欲去足而存手，岂非天下至愚的人么？

至于姊妹之亲，亦与兄弟一律。唐朝李勣[7]，官至宰相[8]，尝因姊病亲身煮粥，为火然须[9]，其姊劝他不要身亲其事，李勣说："不是无人煮粥，只为自己煮才能尽心，姊与我年纪都老了，还能常常煮粥么？"试想，李勣年老的人，尚且如此友爱，则幼年的姊妹兄弟，更当形交尽心[10]，不问可知。

注释

[1] 判然：显然，分明。

[2] 案：古代一种放食器的盘，下安短足，以便席地就餐。

[3] 席："蓆"的古字。坐卧铺垫用具。

[4] 疑莫能明：疑惑而不明白。

[5] 小嫌：小仇嫌，小嫌疑。 天伦：天然伦次。指兄弟。

[6] 同气分形：即"分形同气"。亦称"分形共气""分形连气"。语出《吕氏春秋·精通》："父母之于子也，子之于父母也，一体而两分，同气而异息。"指形体各别，气息相通。形容父母与子女的关系十分密切。

后亦用于兄弟间。

[7] 李勣（594—669）：唐初大将。本姓徐，名世勣，字懋功。曹州离狐（今山东省东明东南）人。参加瓦岗军，因功封东海郡公。失败降唐，任右武侯大将军，封曹国公。赐姓李，因避太宗（李世民）讳，单名勣。贞观三年（公元629年）与李靖出击东突厥，因功封英国公，守并州十六年。高宗时官至司空。

[8] 宰相：泛称辅佐皇帝、领百官、总揽政务的最高行政长官。

[9] 然："燃"的古字。燃烧。

[10] 形交：形，身体。形交，与神交相对，不仅仅是情投意合，而且在日常生活中交往频繁。

敬尊长

礼教所最重要的[1]，在乎尊卑长幼之分。作卑幼的人，于事尊长的道理，确是不可不讲的。要讲事尊长的道理，须先知尊长的名分[2]。从己身以上，是专举最亲近的尊长。若以次第推，祖父母之上，有高祖、曾祖；伯叔以外，有各支族长[3]；姑舅以外，有各辈长亲。尚是就亲族而言[4]。此外，父亲的朋友，己身的教师，亦都在尊长之列，俱要按礼事之。事之以礼，虽分际各有不同，大要以敬字为上。今且举几条敬尊长的礼，作个标准，你们就好仿照了。

一、问对的礼。听见尊长呼唤，当立时敬应，即到尊长面前。尊长问话，须待说完，方可对答，切勿从中错乱。对答时，须据事直言，不可虚饰；对答毕，尊长命退，然后退。

二、谒见的礼[5]。尊长不命进，不敢进；不命退，不敢退。

进时须鞠躬而前，站立的地方，勿逼进尊长，约距三四尺，敬谨拜揖[6]。退时亦须敬谨而出，从旁路走，并须常常回顾，恐有后命。如与同辈并进，须按年齿为叙[7]，进时鱼贯而进，毋越次紊乱，退时鱼贯而下，毋先出偷安。若遇尊长于途，尊长与之言乃言，命之退乃退。

三、出入的礼。每日入学，必须向父母、兄姊肃揖，然后饮食休息。若在学堂时，父兄或有事呼唤，必须请命师长，不得自专。至入学见师长时，须按学堂规矩，行礼致敬。

四、侍膳的礼[8]。凡进馔于尊长前，先拂拭几案，然后双手捧食器，安置于几案上。器具必须清洁，肴蔬必须成列[9]。见尊长所嗜好的食物，可移近其前。尊长命之休息，就退立其旁。食毕，进前彻去食具[10]。尊长如命侍食，应肃揖就席，尊长未食，不敢先，尊长食毕，不敢后，方是侍食之礼。

五、侍坐的礼。侍尊长坐，目应视尊长颜色[11]，耳要听尊长言论。尊长有所命，即时起立；尊长有倦色，即时请退。他人请与尊长独语，自己应退位他所。如适遇尊长操作[12]，不必待尊长出命，即当趋就其旁，敬谨服役。尊长如欲坐，应为之正位拂尘；如盥洗[13]，应为之捧盆执巾[14]；如夜有所往，应为之秉烛前导[15]。

六、随行的礼。行必随尊长后，不可过远，恐有所问。尊长有问，应稍进左右，以便应付。目有所视，必随尊长视处。尊长有时登降[16]，须先后扶持，遇人于路，一揖即别，不得舍尊长与他人言。

此外各事，不能尽举。然事虽不同，其道总不外一敬字。凡事尊长之时，竭力向敬字做去，断乎无有错处。

注释

[1] 礼教：礼仪教化。

[2] 名分（fèn）：名位与身份。

[3] 支：一本旁出或一源而分流，分支。 族长：指一族之尊长。

[4] 尚：通“上”。

[5] 谒（yè）见：通名刺进见。后泛指进见地位或辈分高的人。

[6] 敬谨：恭谨。 拜揖：揖，拱手行礼。拜揖，打躬作揖。

[7] 年齿：年龄。 叙：次序，顺序。

[8] 侍膳：陪从尊长用膳。

[9] 肴蔬：各种荤素菜肴。

[10] 彻：撤除，撤去。

[11] 颜色：面容，面色。

[12] 适：正好，恰巧。

[13] 盥（guàn）洗：洗手洗脸。

[14] 执中：持平。

[15] 秉：执，持。

[16] 登降（jiàng）：上下。指从低处到高处，从高处到低处。

使用仆役

人生贫富不同。富足之家，家事繁多，不能一一自理，因而出资佣工，使分勤苦。贫苦人利用微资，以图餬口，因身应仆役，任各种操作之劳。可见，使用仆役，本是中上人家常有的事。

无奈年幼无知的人，多不明使用仆役本意，不是逞主人的意气，大声呵斥，任意暴虐，就是脱略礼仪，一味宽纵，毫无约束。那知暴虐之弊，不足服人，只可招怨，轻则贻害一身，重则败坏家事。且性情温厚，少年所贵，若因此养成暴戾之性[1]，贻害更是无穷。至宽纵之弊，徒长仆役骄矜之气[2]，使之轻视主人，不听呼应，且若辈受教育者少[3]，朝渐夕摩[4]，更恐染成恶习，甘居下流。须知仆役以劳力博佣金[5]，甘心供任使，非甘心受践蹋。然而家有家礼，彼既任驱使之役，断不敢忘主仆之分，我能待之以宽，闲之以礼[6]，若辈自能爱而知恩，劳而不怨。晋代陶渊明尝送一仆于其子[7]，并寄书曰："汝旦夕之费，自给为难，今遣一力（力作仆字解），助汝薪水之劳，此亦人子也，可善遇之[8]。"细味陶氏之言[9]，蔼然忠厚，足为使用仆役者法[10]。况且世界日进文明，奴隶制度，久为当世所鄙弃。

我们使用仆役，更宜存仁厚之美风，毋蹈轻蔑之陋习。若能教以礼法及识字、算学等事，尤为待仆役善法。此辈略具普通知识，既不至生事为非，更可便于役使，且使其才智有以自，亦可为日后成家立业的根基，能不感主人所赐么？昔张安世家僮[11]，皆有手技，郑康成家婢[12]，能通《毛诗》[13]，这才是文明人家气象呢！

注释

[1] 暴戾（lì）：残暴酷虐，粗暴乖戾。

[2] 骄矜（jīn）：骄傲自负。

[3] 若辈：这些人，这等人。

[4] 渐：开始。　摩：效仿。

[5] 博：获取。

[6] 闲：限制。

[7] 晋：朝代名。公元 265 年司马炎（晋武帝）代魏称帝，国号晋，都洛阳（今属河南省），史称西晋。后

统一全国，扩展疆域。建兴四年（公元316年），匈奴灭西晋。建武元年（公元317年），司马睿（晋元帝）在南方重建晋朝，都建康（今南京市），史称东晋。元熙二年（公元420年），刘裕代晋，东晋亡。陶渊明（365或376—427）：东晋大诗人。一名潜，字元亮，私谥“靖节”，浔阳柴桑（今江西省九江市）人。曾任江州祭酒、彭泽令等。因不满朝政黑暗，决心辞官归隐。长于诗文辞赋，有《陶渊明集》。

[8] 遇：对待。

[9] 细味：细细体味。

[10] 法：仿效，效法。

[11] 张安世（？—前62）：西汉大臣。字子孺，杜陵（今陕西省西安东南）人。昭帝时，任右将军、光禄勋，封富平侯。昭帝死，与大将军霍光定策立宣帝，为大司马。有“家童”七百人，使从事手工业生产，家财富厚。

[12] 郑康成：即郑玄

[13] 《毛诗》：《诗》古文学派。相传为西汉初毛亨和毛苌所传。据称其学出于孔子弟子子夏。

爱　家

我们一生做人，须要从伦纪上做起[1]。本书先说孝亲、友爱各事，就是教你们就伦纪上立个人德的根基[2]，作个家庭的模范的意思。孟子有言：“孩提之童，无不知爱其亲[3]。”可见，爱亲之心是发于天性的。

不惟爱亲而已，凡一家之人，无不当爱。又不惟家中之人而已。就如某庭某院，吾父兄之所居也，于是生爱敬心；某草某木，吾父兄之所手种也，于是生爱惜之心。推之一切，宫室衣服、器具、玩好，凡家中所有的，无一不欲保藏而爱护之。此实出于人之至情，不加勉强的了。以上还是就浅近处说。若论精微处，可爱的尚有二事：一曰家风：《礼记》《少仪》《内则》等篇[4]，司马温公《家范》[5]，朱子的《家礼》[6]，俱是文意朴厚，条理精详，居家的人，都应守而勿失。且一家有一家的美风，尤宜时时保存。湘乡曾氏[7]，祖训有“早、扫、考、宝、书、蔬、鱼、猪”八个字[8]，其后人虽位极人臣，依然终身守而勿坠[9]，称为昭代名门[10]。所以，家风实是第一可爱的。一曰家学[11]：孔门诗礼[12]，晏子楹书[13]，古今大儒名臣，皆源本家学，发为事业；国朝吴县惠氏、高邮王氏[14]，三世传经，著述宏富，推为当代经学之冠，这家学亦是人所当爱的。你们真能爱家风，爱家学，这爱家的心，用处可就大了。且平日入学读书，都知爱国为今日最要之事，岂知国由家相积而成，国若不强，家亦无由立，这爱国爱家，何尝有二理呢？

总之，家庭教化，为我国礼教之大原，内行不敦[15]，虽才能如何，终为士大夫所鄙弃，更可见爱家之心，是人人不可不具的了。

注释

[1] 伦纪：伦常纲纪。

[2] 入德：进入圣人品德修养的境域。

[3] “孩提”二句：出自《孟子·告子上》。大意是，年幼的孩童没有不懂得爱他的父母的。

[4] 《少仪》《内则》：均为《礼记》篇名。

[5] 司马温公：即司马光。　《家范》：北宋司马光著。共十卷。是作者为教育子孙与家人而作的。该书系统

论述了封建家庭伦理关系、治家方法、子弟的身心修养与待人处世之道。历来被封建士大夫阶层推崇为家教范本。

[6] 朱子：指朱熹。 《家礼》：旧本题南宋朱熹撰。共五卷。内容包括冠礼、婚礼、丧礼及祭礼等仪章度数。

[7] 湘乡：东汉置县，元改州，明复改县。在湖南省中部偏东。 曾氏：指曾国藩。

[8] 早、扫、考、宝、书、蔬、鱼、猪：曾家八字祖训。据曾国藩解释，早，指早起；扫，指打扫洁净；考，指诚修祭祀；宝，指善待亲邻；书，指读书；蔬、鱼、猪，指种菜养猪，即参加劳动。

[9] 坠：丧失，败坏。

[10] 昭代：政治清明的时代。常用以称颂本朝或当今时代。

[11] 家学：家族世代相传之学。

[12] 孔门：孔子的门下，借指儒家。 诗礼：泛指儒家经典。

[13] 晏子：即晏婴（？—前500），春秋时齐国大夫。字平仲，夷维（今山东省高密）人。其父死后，继任齐卿，历仕灵公、庄公、景公三世。曾奉景公命使晋联姻，与晋大夫叔向议论齐政，预言齐国政权终将为田氏所取代。传世《晏子春秋》，系战国时人搜集有关他的言行编辑而成。 楹书：据《晏子春秋》载，“晏子病，将死，凿楹纳书焉，谓其妻曰：‘楹语也，子壮而示之。’”后因以“楹书”指遗言、遗书。

[14] 国朝：本朝。这里指清朝。 吴县：秦置县。在江苏省东南部。 惠氏：指惠栋（1697—1758），清经学

家，吴派经学的奠基人。字定宇，号松崖，江苏吴县人。传祖惠周惕、父惠士奇之学。搜集汉儒经说，加以编辑考订。撰著颇多。　高邮：明改高邮府为州，在江苏省中部。　王氏：指王念孙（1744—1832），清经学家、训诂学家。字怀祖，号石臞，江苏高邮人。著有《广雅疏证》《读书杂志》《古韵谱》等。与其父安国、子引之，三世传经，人称高邮王氏之学。

[15] 内行（xíng）：平日家居的操行。

家　事

我们在家庭中，父母教以读书识字等事。在学堂中，师长教以修身、学国文算术各种教科。父母师长，教导我许多学问，是只教我记忆文辞形式呢，还是别有深意呢？须知文辞形式，固然必须习练，尤要在善用所学，见诸实事。古人说“即知即行”，就是这个意思。

作学生的时候，重大事体，暂且无从经理，莫若帮助着父兄办几件家庭的事，试试我们的学问，长些阅历，才不愧力学之人呢[1]。第一洒扫之事：或是清洁庭院，拂试几案，使去灰尘；或是整理衣服，洗刷器具，使无秽垢。这就是实行我修身卫生之学了。次则应对进退之事：或传述父兄命令，词旨清晰，使人尽明；款待亲戚朋友，情谊惬洽，使人知感。这就是实行我修身谈话之学了。此外，如拟作书札，经理日用，务使文义简明，布算无误[2]。这就是习练我的国文算术了。又如父兄业农，我们可以助理馈食诸事；父兄业商，我们可以助理簿记诸事；父兄业工，我们可以助理竹头木屑诸事。这不是实验农工商实业各学么？

总之，无事非学，无时不学。我们料理家事，就是练习我们的学问。洒扫、应对进退，就是作圣贤的根基。外国小学生，于散学之时，多有推车负重，以分父兄勤苦的，实在是成就大人物的梯级。若是身入学堂，就将一切家事置之不理，岂但不合孝悌之道[3]，就于求学之道，亦是相背而驰了。

注释

［1］ 力学：努力学习。

［2］ 布算：布筹运算。

［3］ 岂但：难道只是，何止。

入 学

古人八岁入小学，今人七岁入小学。学年虽略有不同，而及时为学的道理却是一样。

我们今日入学，正是成人之始。譬如筑室先立基础，基础固，房屋才能经久。又如种树先培根本，根本深，枝叶才能茂盛。我们为将来成就计算，入学的事，是绝不可缓的了。况且国家命各处设立学堂，使儿童到了七岁全要入学，待遇我们何等郑重。父母命我入学堂，既为我经营衣食，又为我经营学费，期望我们何等恳切。若不切实求学，何以对国家，何以对父母呢?

再者，入学以后，先生教导勤勤恳恳，我们亦要立定个主意。我们立何种主意呢? 第一要立志。俗话说“有志者事竟成”，就是立定志向。照此作去，始终不改，将来事业必然可成。若是今日如此，明日又如彼，摇摇无定，人生日月，能有几何。自己不能立志，终身事业，必至无一成的了。譬如行船，定准方向，方向到岸，若忽东忽西，不惟到岸无期，还怕终陷危境。凡办大事的人，不虑事之不成，惟虑志之不定，所以立志是为学的第一件要事。第二要勤学。人生世上，光阴是最宜爱惜的。少年人能勤学，方不虚掷光阴。古人惜寸阴、惜分阴之说，就是这个道理。我们在学堂时，非遇有紧要的事，决不可旷课散学；回家后亦须温习旧课，不可遗忘，年假、暑假时，尤当照常温习。古语说得好："积丝成寸，积寸成尺，寸尺不已，遂成丈匹。"勤学之事，亦正如此。

但勤学之事，并不专在记忆。一在理解：先生讲一事，我须要通晓一事；先生讲一理，我须要透彻一理。如此读书，方为有益。二在应用：我们读书，凡古人嘉言懿行[1]，须要着意去学。遇有当戒的事，心中常自省察[2]，不可偶犯。古语又说："知一尺不如行一寸。"可见，身体力行是最重要的。照以上二者用心，方不是口耳之学[3]，徒劳无益。既能立志，又能勤学，将来造就，必然大成，不负国家的待遇，不负父母的期望，如此方可算得一个好学生了。

注释

[1] 嘉言懿（yì）行：亦作"嘉言善行""嘉言善状"。美善的言行。

[2] 省（xǐng）察：检查，内省。

[3] 口耳之学：只是耳听口说的学问。后用以指道听途说的肤浅之学。

学　规

为国家的国民，须要遵守国家的法律。为学堂的学生，须要遵守学堂的规矩。幼年学生恪守规矩[1]，一则可以养成守法律的性质，二则可以养成有规律的习惯。所以遵守学堂规矩，是为学生的第一要义。

规矩的细目，各学堂自有章程，今不能详举，但就大要，分为三项，约举如左[2]：

（一）讲堂规矩。学生到上堂时刻，振铃后排为一列，听班长口号，然后鱼贯入堂，各就坐位，皆按派定名次，无得搀越[3]。教师上堂，又听班长口号，一齐起立，向教师行礼。行礼毕，入坐敬听教师讲授，不可离位偶语[4]。如教师问及，须起立敬对。如功课中有不明白的，须待教师讲完一事，然后致问，不可中间儳言[5]。讲授既毕，振铃后，复向教师行礼，然后鱼贯而出。入讲堂时，不得带功课外一切书籍。凡讲堂用具，不可污毁。在讲堂内，尤不可随意唾痰。

（二）斋舍规矩。学生在自修室内，无论何时，不得聚谈喧笑。如在学堂寄宿，寝室中器具、褥被等，皆有一定位置。自修室与寝室，须每日洒扫，几案须拂拭，书籍须检点，污秽不洁，既不雅观，且易致疾病。为学生的，不可不戒。

（三）体操场规矩。学堂习体操一科，所以锻炼身体，活泼精神，学生若无事故，不可不到操场。入操场后，须要整齐严肃，听教师的指挥。初等小学，多习游戏体操，尤须公同运动[6]，不可离去同学，自己游戏。若有比较胜负，亦须出以正大[7]，不可自己取巧，以求胜人。如抛球时越了一定距离，或竞走时不待他人举足，自己先行，皆是游戏时所当禁的。

学堂规矩，已举大要。至于听讲有听讲的时刻，休息有休息的时刻，每日皆守定时刻，方算是能守规矩。又，上学、散学之时，行路不可延迟；若耽于玩戏，留滞途中，纵不至骤然荒了学业，然积秒成分，积分成时，一年之中，常常如此，比起他人，必虚掷了无数光阴，统算起来，岂不可惜呢？至于每日无故，自应按时到堂。若或遇阴雨，或遇风雪，倘不至十分困苦，亦须照常上课。如此，不但能守学堂规矩，且有合于爱惜光阴的道理。为学生的，可不自加勉励么！

注释

[1] 恪（kè）守：恭谨遵守。

[2] 左：古时行文竖写，从右往左写，所以列举的条文在左边。

[3] 搀越：越出本分。

[4] 偶语：窃窃私语。

[5] 儳（chàn）言：别人说话未完便插话，打乱别人话题。

[6] 公同：共同。

[7] 正大：公正无私。

功 课

我们自入了学堂，觉得学业一天比一天长进起来。学业是从何处得来呢？都是先生一一教授于我。先生既授我各种教科，我们若不常常理会，日久便致遗忘。今就各科而论，有必修的教科，有随意的教科。必修的教科，如修身、经书、国文、算术、体操等是；随意的教科，如音乐、图画、手工等是。修身以涵养道德，经书以培植根本，体操以锻炼身体，国文、算术，尤为人生最要的知识，日用所不能离的，所以列必修科内。音乐可发人高尚的感情，图画、手工，可与人精巧的思想，虽列于随意科内，却亦是最重要的。无论为必修科，为随意科，但先生以此种教科授我，我须要时常练习，时常体会，日久不但不至遗忘，还可悟出诸多新理来。孔子说“温故而知新”，就是这个道理。又知西洋的大学问来，奈端因苹果坠地，悟出地有吸力，发明天文重学，瓦特因壶水沸腾，悟出蒸气之力，发明蒸气机关，侯失约翰因落叶而悟万物不同之理，达尔文因养鸠而悟动物进化之理。以上诸人，若不是详细推理，温故知新，如何能有此发明呢？所以我们于先生所授的功课，必要十分理会，使此理愈求愈深，愈引愈出，才觉得十分有趣味，或将来更能发明出新理来。我们讲究各种科学，方不算枉费工夫呢。

自　修

学堂的功课，前篇已讲大略。但是我们每日入学的时刻，不过四五点钟，再加七天休息一次，这时候亦是很有限的，若专靠着这有限的功夫，成个有用的学问，虽是姿质聪明的，亦恐怕不容易做到。所以学生的学问，一半靠着先生，一半仍是靠着自己。这自修的功夫，就是件很要紧的事。譬如农家种五谷，五谷生长，固然是仗凭雨润日暄[1]，然不加以人工的锄种，亦恐不容易收成。为学的道理，亦是如此。学生在学堂时候，一切学问，固然是凭着先生讲授，但是所讲授的，能有多少？况且只凭先生讲授，也不能就算是我们的学问。所以必须自己研究一番，温习一番，才算是实在有得呢！

自修有三样说法：一是每日自修；一是放假自修；一是毕业后自修。每日自修，是将每日所授的功课，再加一番温习，有了不懂的地方，预备明日到了讲堂，再好质问。放假自修，是到了年假暑假，每日在家里，总要温习一两点钟，不至将旧日所学的功课遗忘，学如未学。毕业后的自修，是从出学以后，将已得的知识，更加一番研究，那高深的学问，未得的知识，都是仗着这个时候得的。美国的学生，毕业以后，最好自己看书。因为他们在学堂之时，每日的功课，教习都是先教他们自己预备了，然后才讲，所以他们研究学问的能力是很大的。我们若是照着这个法子切实去做，焉有不能过人的道理。

但是自修的功夫，若只抱定书本，日伏案头，那又未免太拘泥了。学问要活泼，耳闻目见，较比书籍中所得的，更为切近，所以看花的时候，就可以讲求植物学，买物的时候，就可以练习算学、商学，以至于谈话旅行，凡是在外边所经验的，都可以和讲堂上所讲的两两对照。此外，新闻报纸，尤为通晓时事的要件，每日阅看，自然日有进益。总之，平时多一番阅历，即学问多一番印证，这自修的好处，一时哪能说尽呢！但是学生有勇于自修，用心太过，脑力太伤，往往因而致病，这是因为不善自修生出来的弊病，亦不可不防也。

注释

［1］ 暄：温暖。

敬 师

我们自从入了学堂，每日所听的道理，所得的知识，全凭先生教训。盖生我者父母也，教我者师长也。

我自从有生以后，一饮一食，离了父母，一刻不能生存。至于长大成人，品行学问，离了先生，亦是丝毫不能成就。可见先生的恩义同父母一样。所以我们要拿敬爱父母的心，去爱师敬师。我们有了这点诚心，先生所说的道理，我们才可以十分领会；先生所讲的学问，我们才可以牢牢记住。古来成学的人，无有不是尊师重道的。宋杨龟山先生（名时）[1]，学于程明道先生[2]，明道死后，又学于程伊川先生[3]。有一日，天降大雪，龟山与游定夫（名酢）同侍伊川[4]，伊川偶然瞑目而坐，二人侍立不去，伊川醒时，门外已雪深三尺。此时龟山已经四十岁了，事先生尚如此恭敬，我们幼年的人，更当如何呢？先生按一定的钟点上堂，勤勤教训。我们初见先生，必须立起行礼。要请问甚么事情，必要先举手，先生允准，方可发问。如此，我们尊敬先生的意思，才可以表明出来，先生才乐于教导我们。就是在讲堂以外，见了先生，亦要正身敬立，先生过去，才可以行走；先生问话，要恭敬对答。从先生走路，要谨随在后，先生有问，才可以随时应对。这些事情，都是在外的礼节。

至于心里，更要常存个尊重先生的心。先生教训我们的话，刻刻不可忘了。先生责备我们的话，更要时时体量。总是我们有了错处，先生不忍听我走入邪路[5]，所以才训诫我们。有了这个心，然后先生所说的话，句句都是有益；若是先存个轻视先生的心，就是有益的话，亦就不能实受其益了。如此看来，这尊重先生的道理，内外两面，都不可不讲。就是看见同学的人，偶有轻慢先生之心，我们亦应责以敬师大义，婉辞劝诫，这不只尽同学之情，实在是尊敬先生应有之义也。

注释

[1] 杨龟山：即杨时（1053—1135）。北宋学者。字中立，南剑州将乐（今属福建省）人。官至龙图阁直学士。晚年隐居龟山，学者称龟山先生。先后学于程颢、程颐。同游酢等并称程门四大弟子。著作有《龟山集》。

[2] 程明道：即程颢。

[3] 程伊川：即程颐。

[4] 游定夫：即游酢（1053—1123）。北宋学者。字定夫，福州建阳（今属福建省）人。学者称廌山先生。与杨时等人并称程门四大弟子。历官监察御史、知汉阳军及和、舒、濠等州。研治理学有显明禅学倾向。著有

《易说》《中庸义》《论语孟子杂解》等。

[5] 听：听凭，听任。

爱 群

凡人无论是求学，是作事，没有离了人可以一个人作得成的。即如我们今日所讲的各种学问，那一样不是古人先开了端绪[1]，指示了门径，我们才可以接着去讲求。不但是对着古人如此，就是我们每天上学读书，那一门功课不是由先生讲授，我们才能有得。然而，但凭古人的传授，先生的传教，若是没有同学相契的朋友[2]，彼此互相扶助，互相告诫，我们这学问，仍是不容易成就。所以说，独学无友则孤陋寡闻。我们每天所学的功课，再对着朋友讨论一番，心里就越觉得明白；应作的事情，得了朋友前来帮助，就觉得分外容易。可见这朋友的益处，比较起古人的传授、先生的指教来，正是未可轩轾[3]。

但是我们既然受了朋友这些益处，却不可不有个善处朋友的道理。比方我们要是一味的自私，止知有己，不知有人，到了我们用着朋友的时候，才去求他，他若是有了甚么事情用人帮助的时候，我们却不理他，那一种自私自利的人，好朋友也就不愿同他亲近了，究竟落个孤立无助，自己害了自己。所以我们要想享受朋友的利益，必先有个亲爱朋友的诚心。孔子说“泛爱众而亲仁”，《礼记》上说“敬业乐群”。孔子的意思，是说人之交友，要一样的看待，一样的亲近，不可对着这一个说那一个的不是，对着那一个笑这一个的短处，今日和这一个好，明日和那一个好。但是，对着那德行学问比我们好的，要分外加一番钦敬，添一层亲爱，才能受他的益处，那就是孔子说的“亲仁”的意思。

至于敬业乐群。敬业，就是要把自己的功课当作一桩正经的事情，不可以看轻忽了。乐群，也就是爱群的意思。我们既然倚仗一群朋友，一同去讲学，一同去作事，朋友就同我们每天必用的饮食衣服一样，我们如何能不爱他，如何能不乐他呢。况且我们将来出了学堂去作事情，遇见难作的事体，全是要靠着朋友互相帮助。在学堂之时，能和同学的亲爱，将来对着世上的人，亦自无不能相处的。西人常说合群就是势力，将来我们为国家作事，也是要仗着合群，才能增长我们一国的势力。人群的力量，既是如此之大，我们如何能不爱他呢！

注释

[1] 端绪：头绪。

[2] 相契：相合，相交深厚。

[3] 轩轾：车前高后低叫轩，前低后高叫轾。引申为高低、轻重、优劣。

爱学堂

上一次讲的是爱群。但是少年同群的人，是多半不能出乎学堂以外的。我们自清早起来，去上学堂，下午才回家，这日间功夫，是在学堂的时候居多。我们自幼生长在家庭，无论作了甚么辛苦的事情，一经回到家中，身体就觉得舒服，精神就觉得爽快，所以无论到了甚么地方，没有不思念着家乡好的。对着学堂，也是一样的道理。

我们一切学问，全是从学堂里得来的，所有的新识见全是从学堂里听来的，并且我们每日在学堂里游戏、体操、唱歌，件件都是快心的事情，所以学堂就是我们的第二个家庭。家里有父母，学堂有师长，家里有兄弟姊妹，学堂有同学朋友，样样都是相同的。我们对着学堂，如何不起亲爱的心呢？所以人家说我们学堂好，我们自己亦觉着光荣；人家说我们学堂不好，我们自己亦觉着惭愧。但是学堂既然成了我们一个宝爱的家庭，我们就要想法子保全学堂的名誉。譬如到了外边，遇见尊长，都是循循规矩[1]，就可见得我们学堂的规矩好了。我们诚心用功，遇有事故，我们可以将所学的学问见诸实用，就可见我们学堂的功课好了。至于学堂所用的东西，都要用心保护，不可损坏。讲堂的规矩，件件遵守，丝毫不错。就是有人到学堂参观的时候，亦自然起一番爱敬的心。学堂的名誉好了，我们无论到甚么地方，人家都是看得起的，就是卒业出校以后[2]，自己的名誉亦自然是好的。英国堪桥、牛津两大学，多出名人，以后学生，均以得入此二校为荣，不可见学生与学堂关系么？

但是，学堂日多，往往有不尽完善的，所以当入学的时候，却不可不小心选择。选择好了，就该一心入学，始终其事。近日年少子弟，今日入一学堂，觉着不甚如意，明日又到他处上学，此是极不好的习惯。朝秦暮楚[3]，心无所定，对着学堂就渐渐起了轻忽的心，就是再入好学堂，亦往往不能毕业。这样性情的人，如何尚有爱学堂的心呢？

注释

[1] 循循：遵守，遵从。

[2] 卒业：完成学业，毕业。

[3] 朝秦暮楚：战国时，秦楚两大国对立，其他小国各视利益之所在，时而事秦，时而奉楚，变化无常。游说之士亦如此。后以喻人反复无常。

仪 容

圣贤教人，千言万语，不外一个“敬”字。敬则精神团聚，气象端庄，一望而知为正人君子。所以《诗经》止说“敬尔威仪，无不柔嘉”。这是说人的威仪好了，就无一处不好的意思。

少年人的举动，是最易放肆的，平常轻举妄动惯了，往往流入轻薄少年一派。到长大了，虽是见了宾客，对着师长，那浮躁的举动，不知不觉的就流露出来，虽是有了才学，亦教人家看着不尊重。大凡一个人的性情品行，虽是不相知的人，一望都可以知道个大概。这是甚么道理呢？因为人心里有了学问，举动合乎礼法，到了大庭广众之下，这气象是与众不同的，所以人一见了，就可以断定他几分，说他是个何许人。可见这容貌颜色，是万万不可轻忽的。在家事父母，朝夕问安，就要必恭必敬，对着父母兄弟，常要养得一团和气；出外见人，动容周旋[1]，一毫不肯苟且。凡是这样的人，无论何人见了，断无有不敬他爱他的。

更有一层最要紧的，人之穿衣服，亦可见其心性。古人说：“衣，身之章也。”是说衣服可改变人气象的。衣裳要整齐，冠履要完好，这是不待言的，就是理发整衣，也不可露出轻薄的模样。世俗浮华子弟，好穿华丽衣服，过于修饰边幅，徒是徇外为人[2]，正人君子，反不愿与他亲近，越装饰的好，越见得他是一个浮薄子弟，到底有甚么益处呢？此外更有一派人，专以不尚修饰为高，衣服污了亦不洗，头发乱了亦不梳，举止轻狂，气象傲慢，自命为风流名士。其实轻狂玩世，最易招人厌恶，亦是万万不可学的。总之，少年人一举一动，都是将来成就学问的根基，放肆惯了，自然不可以成德，浮华成了，将来必至于偾事，更说甚么涵养，论甚么德性呢！

注释

[1] 动容：举止仪容。 周旋：亦作“周还”。古代行礼时进退揖让的动作。

[2] 徇外：求索心外之理。

言 语

话多不如话少，话少不如话好。这是前人教人说话的规矩。大凡一个人说话，与自己的身分是很有关系的。说话有条理，人家自然说他是个有条理的人；说话杂乱无章，旁人一听，就起了厌恶他的心，就有些长处，人亦不大着意了。所以言语足见人的品格。言语好了，就显得人的品格高些；言语不好，就显得人的品格低些。

少年人说话，是最要小心的，若是随便说话惯了，到了出门见人，入学见师长朋友，就生出多少弊病，惹起多少是非，全是不善说话的缘故。所以人在家庭的时候，就不可轻言妄语；到了出来与人交际，才可免许多口过。但是说话亦分多少情形：

第一当戒的，就是不可说谎语。孔子说“言而有信”，人的一生，这“信”字是一刻不可离的。信从何处发端？就从言语上发端。比如我与人谈论是非，我说的虽十分动听，人家亦要察察这事情真是真非[1]，要是有一句靠不住的话，那以后就是说得天花乱坠，人再不肯信了，就是再与人约会甚么事情，人以为他是个能说不能行的，不肯信以为真。所以，古来因为说一句谎话误了终身大事的不少。

其次，不可说谄媚人的话，不可说讥笑人的话。拿好话来逢迎人，小人听了喜欢，君子听了厌恶，无论恁他说得好[2]，毕竟终得做个小人之徒。拿冷语来讥笑人，强的反唇相讥，弱的心里怀恨。惹祸招尤，因着讥笑人的时候居多。时有那好作无谓之谈，徒乱心神，就是孔子说的“群居终日，言不及义”了[3]。试看古来成大事的人，多半是少年寡言笑的。

大凡好说话的人，往往心粗气浮，论到实际上，多是行不去。曾文正公取人[4]，用少大言多条理的。可见凡有条理的人，必定是不好大言了。然而到了该说话的时候，也不是一味不说话。譬如在尊长之前，大众之下，叙述什么事体，发表自己的意见，总是要说得条理分明，前后一丝不乱。但是神气要镇定，声音要平和，语气要不抗不卑[5]，才能娓娓动听，不讨人厌。所以这善为说辞，也是孔门教人的要着，就是那外国人练习演说，亦就是这个意思了。

注释

[1] 察察：明辨，清楚。

[2] 恁（rèn）：任凭。

[3] 群居终日，言不及义：出自《论语·卫灵公》。意思是，整天聚集在一起，说不出一句合道理的话。

[4] 曾文正公：即曾国藩。

[5] 不抗不卑：亦作“不亢不卑”“不卑不亢”。不高傲，也不自卑。形容对人的态度或言语得体。

立　志

“不为圣贤，便是禽兽；莫问收获，但问耕耘。”这就是古人教人立志的意思。朱子说过，书不记，孰读可记[1]；义不精，细思可精，惟有志不立，真是无着力处。盖人不立志，万事无从说起。人之一生，如泛舟行在大海之中，这志就是罗盘针。行船有了罗盘针，向前而进，然后有达彼岸之一日。人立了志，依此而行，然后学问事业，有所成就。

世界上的人，这聪明才力，本是不甚相远，然而有的为圣贤，为豪杰，有的与庸众人无异，甚至为了下等的人，这就是从志趣上分别高下了。常见有少年子弟，才华颇有可观，未至四十、五十，已渐渐落他人后，到了终身，遂陷入可悲之境。又有博闻强记，不名一家[2]，而问其究竟，乃无一能一艺可取。只为志向不坚，误了多少聪明才杰之士。何况中才之人，志气不定，何能有成就之日呢！

然而这立志也不是空口无凭、放言高论可以当得[3]。今日要作圣贤，明日要作豪杰，信口谈去，杂乱无主，不顾眼前的境遇，不量自己的力量，高谈阔论，都是徇外为人，到了实际，却是一无所有。这种人谓之虚志，不得谓之立志。立志要有一定的方向，不变的宗旨，抱定不离，日就月将，弗得弗措[4]，久之自有达其志向之一日。况且今日世界日进文明，种种事业，种种学问，全是要分工而治，学工的不可以为商，学农的不可以为工，学政治、法律的，又不可以营实业，量才而入，总要择性之所近。心之所好的，执其一而为之。到得志向既达，无论何种学问，皆可以安身立命。

然而许多学问，固是全仗立志而成，但当立志之先，更要先有个高尚志趣。这高尚志趣是甚么呢？就是要善用自己的学问，要作圣贤、要作好人的一点心肠。有了这点心肠，一切学问，皆可以为世用，皆可以建功立业。没了这点心肠，虽有学问，皆是有害无益。所以古人最重道德心。这道德二字，就是立志的一定不易的准则了。然而道德二字，也不是泛然无归、无一定界限的。时运变迁，实行道德的方法，自然不能无有变更。然而人生在一个社会之中，总要为社会里一个有用的人。社会如何变动，这个道理却是万古不变的，所以我们立志的标准，道德的准绳，就是为一个现时社会里有用的人。不然徒饰道德的虚名，无一定的把握，正如行船行大海[5]，迷途失向，断梗飘篷[6]，断无不沉溺的道理。

注释

[1] 孰："熟"的古字。

[2] 不名一家：不能有所成就。

[3] 当得：做得到。

[4] 弗得弗措：没有所得就不停止。即"坚持到底"。

[5] 行（xíng）船：驾驶船只。

[6] 断梗飘篷：比喻漂泊不定。

自 治

自古能作大事的人，未有不从眼前的小事作起。但小事不是雕虫小技，确是克勤小物的意思。何谓克勤小物呢？古人无论何事，丝毫不肯苟且，即如自己的房屋庭院，总要扫除的清洁，自己的几案器具，总要置的齐整，自己的衣服，总要常常洁净，自己的冠履，总要位置的得宜[1]。明朝胡敬斋先生（名居仁）为学[2]，日立课程，详书得失，以自考镜[3]，其处家虽一器一物，亦区处精审，不相淆乱，后为一代大儒。所以少年立身，第一要紧的，就是自治。清晨宜按时早起，上学办事，均须有一定时候。读书要有恒，不可东翻西阅，徒好新奇，见异思迁。作事要自始至终，勿进锐退速，久之成为习惯，将来遇着大事，才不至惊慌失措。多少受用处，全从能自治里得来。

但是，自治的真义，可分治心、治身两端。治心的要诀就是慎独；治身的功夫就是习劳。

何谓慎独呢？大凡人的心，最是不容易约束的，大庭广众之下，谁不会作个规矩的模样。至于独居的时候，此心就难以整顿了，忽然生出个功名心，忽然生出个富贵心，其余的邪思妄念，种种不一，闹得此心憧扰无定，方寸之地，就如乱丝一般。自己犹以为幸无人知，岂知到了遇见正事的时候，此心已经纷纷乱了，那里还能用心思索、设法整顿呢？乱人乱事，必先从心里乱了，然后生出来的。所以少年人，先要从内里用一番功夫，把方寸之地打扫干净，自然天君泰然[4]，百体从令。然而这慎独的工夫，也并不是讲什么性命精微的道理，就是要保得一心清净，妄念不生，自省无一内愧之事，就自然精神强固，身体快活了。

何谓习劳呢？大凡人不能自治，皆从好安逸生出来的。安逸自然怠惰，到了怠惰，就万事都不愿管了。更有那种富贵家子弟，僮仆满前，颐指气使[5]，连自己一身都不能料理，一旦有事，却一步亦行不去，一事也办不来。这就是不耐劳苦的结果，更说甚么当大事、犯大难呢？所以古来豪杰志士，当无事之时，常要劳苦自己的身体，练习自治的能力。陶侃闲居[6]，常运百甓于庭中；林文忠公一生[7]，人未从见他袖手枯坐，这就是古人善于自治的好模范了。且说人劳苦惯了，自然身体强健，精神爽快，眼前小事亦自然处置有法，万无照顾不到的道理。试看那西国人[8]，自幼小之时，诸事就自己去作，父兄亦不去帮助他，并且常使他一人出去旅行，练习惯了，就养成一种独立不倚的性质，难道说这些事情，我们中国少年都作不来么？

注释

[1] 位置：安置，放置。

[2] 胡敬斋：即胡居仁（1434—1484），字叔心，号敬斋，余干（今属江西省）人。明代学者。一生以讲学为业。著作有《居业录》。

[3] 考镜：参考借鉴。

[4] 天君：旧谓心为思维器官，称心为天君。

[5] 颐指气使：指以下巴的动向和脸色来指挥人。常以形容指挥别人时的傲慢态度。

[6] 陶侃（259—334）：东晋庐江浔阳（今江西省九江）人，字士行（或作士衡）。初为县吏，后升任荆州刺史，镇武昌；为王敦所忌，调任广州刺史。无事即朝夕运甓以习劳。王敦败后，仍还荆州。平定苏峻、祖约作乱后，任荆、江二州刺史，都督八州诸军事。勤慎吏职，四十年如一日，为人所称。

[7] 林文忠：即林则徐（1785—1850），字少穆，福建侯官（今福建省闽侯县）人。清末政治家。嘉庆进士。道光十七年（公元 1837 年）任湖广总督，后为钦差大臣，赴广州查禁鸦片，进行了著名的虎门销烟，又筹备海防，击退英军进攻。因受投降派诬害，被革职，充军新疆兴办水利，垦辟屯田。卒谥“文忠”。能诗文，有《林文忠公政书》等。

[8] 西国：指欧美国家。

规 律

凡是一个人，生在天地间，各有当尽的责任、当守的本分。尽了自己的责任，守着自己的本分，这便是个有规矩有礼法的人；若是放弃了责任，越犯了本分，这便是无法的乱人了。但是，这个规律，与律例国法不同，乃是自然而成，人心所安，人人所当率由的一个礼法[1]。

这个礼法，无论男女老幼，皆要遵行。由一身推之一家一国，全是一样的道理。设如少年之人，对着父兄，不守子弟的本分，这就是一身无法，自然乱及一家；人人如此，一国焉有不乱的道理。所以，少年人第一当守的，就是规律。自己独居一室，能使一室整齐，诸物有序，坐不偏倚，读书有恒，白昼不寝卧，就是对于一身的规律。若在家庭，则能从父兄之命，服弟子之职，遵守家法，不敢陨越[2]。在学堂，则能敬听师命，善守学规。这就是对于家庭、对于学堂的规律。古人云："少长若天性，习惯成自然。"幼时能遵守规律，到了年长的时候，自能不犯社会的公义、国家的法律。

然而社会的习惯，各国不同，少年人见了异国的风俗习惯与自己不同，最容易生出个不服规矩的心来，然而这却万万不可。风俗习惯，各有各的好处，若不顾现在的情势、自己的身分，妄想去学他人，必至人家的好处学不成，先把自己的好处丢了，反落一个越礼犯分的人。少年之时，是断乎不可不戒的。

注释

[1] 率由：遵循。

[2] 陨：败坏。 越：违背，背离。

人　格

人为万物之灵，世界上惟人最为尊贵。草木虽能生长，而无知识；禽兽虽有知识，而无道理；惟人既有知识，又懂得道理。所以说人为万物之灵。但是这天赋的灵性，虽是可尊可贵，人若不自尊自贵，也就去禽兽不远了[1]。试看世界上的人，人格不完全的，往往而有，这却不是生下来就不如人，都因自己不知尊重自己，把自己看得太轻了，不知人生在世界上原是最高的品格。我们须要时时刻刻常存个不肯苟且的心，这品格就自然高尚了。

但是这品格亦分内外两面。在内的，就必要性情高洁；在外的，就是要举止端庄。性情如何可以高洁呢？读书明理，固是养性情的要诀，然而少年人尤要先除去卑鄙的心、功名富贵的心。卑鄙心，就如不听父兄的教训，不守师长的箴规[2]，上学的时候，常想出外游戏之类。功名富贵心，就如未上学堂，先想侥幸成名、功名保举之类。凡此等心思不去，性情如何能高洁？就是终日读书，如何能明白道理呢？举止端庄，不是要假装那矩步方行的模样，不过是像要尊重，举动不苟且，能如此自然，身心皆正，表里如一，再加以读书修养，则品性自然高尚，人格自然完全了。

但是，这完全的人格，求之古人，是不容易得的。有才的不尽有德，能作大事的往往不拘小节。所以，我们锻炼人格，只取一个古人作榜样，是不容易得的。必须要兼采古人的长处，作为一身的模范，然后才可以为完全无缺。更有一层，人的性质，各有所偏，效法古人，亦往往但取性之所近的模仿[3]，如此惯了，则性情流于一偏，品格亦自然不正了。所以，效法古人，须要取可以救自己的短处模仿模仿，才算是善于变化气质，欲成端正的人品，可不知所取法么！

注释

［1］ 去：距离。

［2］ 箴（zhēn）规：劝诫规谏。

［3］ 但：只，仅仅。

饮　食

古人说："一日不再食则饥。"又说："饮食者，人之大欲"。可见这"饮食"二字，就是人生第一大事了。然而人有时候把他看得太重，有时候把他看得太轻。看得太重的，是喜欢新奇的饮食，日常专在此事用心，就是孟子所谓"饮食之人，则人贱之矣[1]"。此等人是不足论的了。看得太轻的，则又不论精粗，不论美恶，不论生熟，一切乱吃。此等人亦是不足论的。盖我们每日饮食，须知饮食到了腹内有何作用，那一样有益，那一样有害。有害的固不可用，有益的也不可用之太过，反致伤生。世俗人往往把一层看轻了，岂知却是不可不留意的。

饮食的种类极多，我们亦不必专用一样，但就吃饭而论，总要择心里真好吃的去吃，才能实在滋长身体。西洋人说，读书要择爱读的读，吃饭要择爱吃的吃，就是这个意思。但是这喜欢吃的食物中间，也并不是有益无害，我们却要小心。就知每日所吃的食物，五谷肉食，固然是有益的居多，然而不熟的五谷，不洁的鱼肉，食之却有大害。总之，无论何类食物，总要以咸淡得宜，冷热适度，新鲜适口，容易消化为断[2]。

此外，如茶水亦是人所最好的，喝了可以助精神养胃气，然而却不可过多，多则为害。果实也是最滋养的，吃了可以润肺解渴，然而却要熟的，不熟就容易招病，太熟者生虫，亦不可食。至于饮食的时候，要有一定，饮食无时，往往不容易消化，所以每日无论三餐两餐，总要按一定的时候，不可忽早忽晚。就寝以前，不可饮食；饮食以后，要停顿几分钟，才可以运动。并且要常常漱口，才可以保护口齿的清洁。至于有害之物，每日饮食之中，亦颇不少，其中为害最大的，就是烟酒两样。今日吸烟的风气颇甚，为害亦甚大，鸦片烟的害处，是显而易见的了。就以纸烟而论，其中亦有一种毒物，能令人麻醉，吸食以后，就要血气变动，胃的消化力大减，甚至有得神经病的，少年人吸了，更有害于身体发达。所以外国又不过二十岁以吸烟为大禁。酒的害处亦甚多，酒中有一种物质，名曰“酒精”，饮后使人心气昏乱，精神衰弱，身体亦受大害，且醉后更易发狂，往往作出败坏道德的事来。古今饮酒误事的人，不可胜举，所以古人以饮酒为败德。少年人血气未定的时候，急宜切戒。

注释

［1］“饮食。”二句：出自《孟子·告子上》。大意是，讲求吃喝的人，人们就看不起他。

［2］断：限度。

衣服

衣服有两样用处：一是保护人的身体，一是表章人的身分[1]。表章身分的，是要衣服与人的身分相合，作官的要穿作官的衣服，读书的要穿读书的衣服，以至为农、为工、为商的，各要有相宜的衣服。古之时，四民的衣服全有分别[2]。孔子说："非先王之法服，不敢服[3]。"可见衣服皆有制度，所以观其衣服就知其人的身分。今日的便衣，虽无大分别，然亦须合乎自己的身分，不可过于华丽，亦不可过于朴陋，总要与自己的地位相合。少年当学生的时候，衣履总要一律整齐，不可一人独好华美。学生的衣服，既为外观所系，又为学堂全体所关。若一人的衣服独标新异，非特外观不雅[4]，且与乐群的道理大有妨碍。

至于保护身体一条，更是要紧。我们穿衣服，本是为的抵御寒暑。夏天的衣服，是为的御太阳的光热，所以要穿颜色浅的，才不致留住太阳的光线，且须要单薄的，才容易发散身内的热气。冬天的衣服，是为的保存身体的热力，所以要颜色浓的，身内热力才可以保留，且须要厚的，外边的冷气才不易侵入；但不可太重，衣服若太重了，与身体发育甚为有害。

至于衣服的体裁，亦是极要紧的。今日的少年学生，好穿窄瘦的衣服，岂知宽袍大袖固于作事不便，但是太紧瘦了，于身体发达却亦大有妨碍；更有一层，衣服既是为保护身体，保护身体的好处，却不在材料的贵贱，实在制作的得法。绸帛的衣服，穿的不得法，可以使人生病；极粗的布衣，穿的得法，亦可以保人健康。彼徒饰外观，无益实用的，实在不知衣服的本义了。且衣服无论华美、朴素，均应时时爱惜珍护，破绽者补缀之，尘污者洗濯之[5]，既可保一身之容止，且应惜物力之艰难，晏子一狐裘三十年，虽意在以俭化俗，亦可见古人爱惜衣服之意。此为饰身之要，不可忽略。

注释

[1] 表章：表明。

[2] 四民：旧称士、农、工、商为四民。

[3] “非先王”二句：出自《孝经·卿大夫章》。大意是，不是从前的君王所制定的、符合礼制的衣服，卿大夫不敢穿。

[4] 非特：不仅，不只。

[5] 濯（zhuó）：洗涤。

居处

古人说：“敝庐可以蔽风雨[1]。”这居住房屋的宗旨，就是为蔽风雨了。然人贫富不同，这构造的形式，建筑的材料，亦是迥乎不同[2]。富的高楼大厦，贫的矮屋茅檐。然而我们所说的，并不是论贫富，不是讲求建筑的华美不华美，是专讲人居住房屋的方法。居室善不善，就在得法不得法。自己住的房屋，打扫的干净，固然是很要紧的，但是房屋里边更有一种无形之物，亦是最干净的，就是空气。空气是一种无声无臭的气体，无论是人、是禽兽、是草木，离了空气，一刻亦不能生活，所以昔人说人在气中，就如鱼在水中。鱼吸了污水必死，人呼吸了不洁的空气，就要生病。所以要常用换空气的方法，将屋中浊气驱出户外，换入新鲜空气来。并且门窗要开放，则空气自然流通，新陈代谢。屋中不可以聚人太多，人多了空气就容易污浊，学堂上课及大众演说的时候，往往有头晕病倒的，就是这个缘故。院内要多种树木，树木能吸收浊气，散放清气，树木多了，空气自然清洁。

空气以外，最要紧的就是太阳的光线。生物离了阳光，亦是不能生活的。常居暗室的人，皮肤苍白，身体衰弱，血脉不易流通，往往得一种贫血病。天阴久雨，精神多不爽快，就是因为阳光不足的缘故。所以人家房屋，门窗要向阳，院落要宽大，而讲堂之中，光线尤要留意，总以阳光充足而适宜为断。病弱的人，常得阳光曝之[3]，往往比用药还好，可见这太阳光线是极可贵了。但是光线太强，亦往往致病，最易得的，就是眼病。玻璃容易透光，所以常常要用淡青布遮蔽。其次，每日饮用的水，要藏在净地方。污水臭土，不可堆在院内。居城市的人，往往容易生病，就因为饮水不洁及污臭之物不易排除的缘故。我们要讲卫生，于此等处都是要刻刻留意的。

注释

[1] 敝庐：破旧的房屋。

[2] 迥乎：犹迥然。形容相差很远。

[3] 曝（pù）：晒。

沐　浴

古人说："斋戒沐浴[1]。"可见沐浴是古人最注意的事。汤有沐浴的盘铭[2]，苏东坡有"浴罢"的诗，曾文正公每日就寝以前必要濯足。凡沐浴之后，必觉神清气爽。往往身体受寒发热之时，一经沐浴，即时可以痊愈。况且沐浴不但有益身体，并且有益精神。凡人身上清洁了，心里的思想亦自然高尚。古人说："澡身浴德[3]。"可见这身与德原是同条共贯的[4]。

入浴的时候，用水不可太热，若能用冷水沐浴，尤为有益。因为沐浴时用冷水，可使人脑筋强健，皮肤能耐寒热。但身体弱的人，不敢强用，可以待至夏日勉强试行，久之自成习惯。歇暑假的时候，海滨旅行，更可试海水浴法，亦是最有兴趣的。

至于入浴的次数，有说应该一日一次的，有说应该两日一次的，亦不必甚拘，大约一个星期中间，至少总要两次。冬日不可畏寒，总要勉强去作，练习惯了，自然是受益无穷。古代罗马人最喜沐浴，我们中国少年，将来要作个强大的国民，此时却不可不善保我们的身体，善养我们的精神，这沐浴就是我们日新又日新的根基了。

注释

[1] 斋戒沐浴：出自《孟子·离娄下》。是说古人在祭祀前沐浴更衣、整洁身心，以示虔诚。

[2] 汤：又称武汤、成汤。子姓。商朝的建立者。原为商族领袖，曾任用伊尹执政，成为强国。公元前十六世纪起兵灭夏，建立商朝。　盘铭：古代刻在盥洗盘器上的劝诫文辞。

[3] 澡身浴德：出自《礼记·儒行》。澡身，谓能澡洁其身不染浊；浴德，谓沐浴于德，以德自清。澡身浴德，指修养身心，使之高洁。

[4] 同条共贯：事理相通，脉络连贯。

运动寝息

运动的好处，按照生理学讲起来，是最细的。今但就显而易见的好处而论，运动可以壮筋骨、活血脉、强壮身体，并可使人思想活泼，志气刚正。往往人有郁闷的时候，偶一散步，精神就自然快活起来。思索一事，有时往来走动，心思就容易就绪。曾文正公教子弟，常令饭后行一千步，当作正经的功课，养生的要诀。

大凡少年血气方盛，未有不喜运动的。但是我们向来读书人的习惯，是最喜沉静不喜动，所以读书的人，大半身体薄弱。今日学堂内，有体操一门功课，是最好的。当演习的时候，要用心去作，不可当作儿戏。凡是好体操的学生，不但是身体必强壮，亦必能守规矩。并且学业进步，亦必是极快的。这是何缘故呢？体操的规矩最为严整，练习惯了，自然学堂一切规矩亦就能守了。强壮的精神，是从强壮的身体而来，所以身体好了，于用功亦大有效验。

然而学堂体操的功课，钟点甚少，专恃此时运动[1]，尚不算十分充足；学堂以外的运动，亦不可少。富贵家子弟，一经出门，非车即马，所以愈是富贵家子弟，身体愈虚弱。少年人出门的时候，总是要常常走路；星期的日子，总要找个风景好的地方，游玩游玩，并且可以吸收新鲜空气；就是平日学堂功课完了，亦要出来散步，不要枯坐在屋内[2]。人若连坐两三点钟，于脑力颇有损处。黄昏时候，更不可在屋内闷坐，人心中郁闷，多半在这个时候，所以黄昏时野外运动，是最有益处的。

至于寝息之时，亦要每日一律。早睡早起，最能强壮身体。凡黎明即起的人，无有不享高寿的。就寝的时候，衣被不可太厚，最好是常著寝衣。更有少年勤学的人，往往用功过度，终夜不眠。不知睡的时候固然不可太多，亦不可太少。睡的时候太少了，最易使精神衰弱，神气困倦，到了第二日，功夫是万万用不好的。所以我们每日睡时，通常总要有七八点钟，这是从医学家考验得来，必宜遵守的。

注释

[1] 恃（shì）：依赖，凭借。

[2] 枯坐：默坐，呆坐。

共同卫生

以上所说的，是一个人卫生的事。此章再说共同卫生的事。

大凡一个人，必自己先样事[1]，然后才可以讲有益他人。卫生的道理，亦是一样，必自己先好清洁，身体强健，不生疾病，才能以不妨害大家。但是仅仅不妨害人，尚不能算尽了责任，必定要作些有益大众的事，才算是懂得公益的道理。

不妨害人的事，就是自己不用之物，不可弃置在他人的地方。居城市的人，最好抛弃煤灰秽土在大街之上[2]，这是大有妨害卫生。又有一种流行病，如瘟疫、霍乱等，最容易传染，是何缘故呢？因为空气中有一种寄生植物，叫做霉菌[3]，无论寄在何处，都可以生根结子，所以叫作寄生植物。有时飞入人的鼻孔内或口中，人就立刻致命，并且可以再生出子来，飞入旁人身上，亦往往致人于死。这霉菌生在污秽潮湿地方，若飞到鼠的身上，尤容易生长。所以人一经得了此病，就要立刻用杀菌的药水，将发生此病的地方与病人身上都洗净了，并且用捕鼠的方法，将鼠杀尽，才不至于传染，为害他人。即壬寅那一年，瘟疫流行，黄河南北，死的盈千累万。这必是有一个地方的人，得了这样病，自己不知小心，就遗害到数千万人身上。可见一个人不讲卫生，妨害公众的罪是极大的了。

至于有益卫生的事，我们应作的固然甚多，亦不过将那有害之物预先除去，作为防备。家庭之内，每日打扫干净；院中多种花木，自然有益一家；自门前以至街上，不可堆积秽土；大家游玩地方，不可随意吐痰、随意便溺；有肺病患咳嗽的人，尤不可随意吐痰，因为咳嗽亦是肺里有一种霉菌，吐在地上，亦可以飞去传染别人。西洋有肺病的人，出门皆要带着痰壶。凡此等事，都叫做公德。有公德的人，断不作那妨害人的事。至于一村一镇的地方，更可集众会议，讲究卫生，如设桥梁、修街道、检饮食、施医药之类。现实地方自治，本包涵卫生的，这更是大家应尽心的事了。

注释

[1] 先样：先做出榜样。

[2] 好（hào）：喜爱。

[3] 霉菌：一种低等植物，真菌的一类。体呈丝状，丛生，可产生绿、黑、红等多种颜色的孢子。多腐生。可用以生产工业原料，制造抗生素。部分霉菌也可引起病害。此指病菌、病毒之类。

礼 节

人生在世，不能离人独立。人既与人交际，礼节是断乎不可少的。孔子说："不学礼，无以立[1]。"《礼记》说："人有礼则安，无礼则危[2]。"可见学礼是最重要的事了。

若从礼意上说，不专在外貌的仪容，尤在内心的恭敬。若无恭敬的实心，纵然仪容十分可观，亦不过外面的虚文[3]，却算不得知礼。但是心中恭敬从何而见呢？却又离不了仪容。譬如有一人，我心中十分恭敬他，若外貌毫无恭敬他的仪容，谁知我恭敬他呢？由此知有了内心的恭敬，还要有外貌的仪容，讲求礼节，就是因为这个缘故。

然人与人交际，礼节甚多，一时亦不能逐条详举，就知动容周旋，应对进退，以至庆贺拜问，各有应行的礼节，须要一一讲求，方不至临时手足无措。尝见诗书家子弟，虽年甚小，见人彬彬有礼，人自然要敬重他。有一等儿童，怕见外人，偶然一见，便面红耳热，应答之时，不能出言，拜揖之时，不能合节，遂不免为外人讥笑。又有一等儿童，一见客至，便闯至面前，拜不像拜，揖不像揖，高声谈论，毫无检束，外人亦是要轻视他，甚至笑他父母、师长没有教育。我们试想一想，因为自己不知礼节，累得父母、师长全被人嘲笑，心中何以自安呢？所以幼年的人，万不可不学习礼节了。至于众人聚会时候，我身在其间，须想此事是何事，此地是何地，言语容貌，须要合宜。譬如庆贺之时，忽发不吉的言语；吊丧之时，忽露喜悦的容貌，于礼便大为不合。其余诸事，可以类推。总而言之，礼节之事，为人世交际所关，亦为我身学问所关，必略随事留心，随地讲求，方不至有人而无礼之诮了。

注释

[1] “不学礼”二句：出自《论语·季氏》。意思是，不学礼，就没有立足社会的依据。

[2] “人有礼”二句：出自《礼记·曲礼上》。意思是，人遵从礼就安全，不遵从礼就危险。

[3] 虚文：毫无意义的礼节。

公 义

世界由人相积而成。人生在世，先要无害于人。然仅仅无害于人，还不算尽为人的责任，更须有益于人，方不虚生于世。遵守公义，自然无害于人；实行公德，便能有益于人。孔子说：“己所不欲，勿施于人[1]。”就是公义。又说：“己欲立而立人，己欲达而达人[2]。”就是公德。如今先说公义。

公义有三种要义：第一是性命。人人爱惜性命，自不待言，但爱惜自己的性命，亦要爱惜他人的性命。儿童天真烂漫，自不至有杀人害人的事，但恐无意之中，偶然妨害他人性命，亦是不可不虑的。譬如同人游戏，有危险之事，自己不做，断不可叫他人去做；同人出游，有危险之地，自己不走，断不可强他人去走。若能设路灯、修街道，不唯合乎公义，尤为有合公德。要之看他人的性命，如同自己的性命，自不至干犯公义了。第二是财产。无论自己的财产，他人的财产，公家的财产，全当一体保护。侵夺人家的财产，国家定罪甚严，在幼年人固不虑此。就是借贷不还，或是损坏他人的器物，亦是违犯公义，不可不切戒的。第三是名誉。名誉一事，关系最重，可以鼓舞人进取的精神。自己的名誉，既觉甚重；他人的名誉，尤不可轻。有一类专好说他人的短处的人，偶有所闻，不问真假，信口播扬，甚至造言诽谤，将人家的好处亦要说坏，大有妨于公义。汉朝马援教训他侄子的话说得好[3]，“闻人过失，耳可得而闻，口不可得而言”，正是重人名誉的意思。

我们遵守公义，须将以上所说的性命、财产、名誉三件，加意郑重，不消侵犯，自然合乎“己所不欲，勿施于人”的道理了。

注释

[1] “己所不欲”二句：出自《论语·颜渊》。意思是，自己所不喜欢的事物，就不要强加于别人。

[2] “己欲立”二句：出自《论语·雍也》。大意是，自己

要站得住，同时也使别人站得住，自己要事事行得通，同时也使别人事事行得通。

[3] 马援（前14—49）：字文渊，东汉扶风茂陵（今陕西省兴平）人。历任陇西太守、伏波将军、新息侯。建武二十五年（49 年）领兵进击武陵五溪时，病死军中。生前多豪言壮语，“男儿要当死于边野，以马革裹尸还葬”等，常为后人传诵。

公德

遵守公义，已经说过。然公义必与公德相合，处世的道理始能完全。故此章再说公德。

公德的本源，出于博爱。孔子说“泛爱众”，韩昌黎（名愈）说“博爱之谓仁[1]”，皆含此意。但博爱之中，亦自有次序。若不爱自己的家族，便爱他人的家族，不爱本国的人民，便爱他国的人民，就是本末倒置，殊失博爱之义了。

人有博爱的精神，然后能行公益的事业。如修道路，立学堂，置图书馆，设孤贫院，推之一切有益于公众的事业，那一件不是从博爱的精神做出来的呢？至于爱惜公物，亦是公德之一端。如道旁的树木、公园的花草、电线、铁路、自来水管等物，是一国中的公物，一人损伤，必致有妨于公众。又如学堂中树木、桌椅、新闻纸之类，是学堂中的公物，为学生的，全宜爱惜保护，方能无亏公德。公德的道理，我们中国最宜讲求。近出一书，名为《欧美公德谈》，说欧美人的公德，今择其要者演成白话，附载后，与我们参考。

（一）道路往来。道路为公众必由之地，所以文明各国常出极多的金钱修理道路。都会的道路，固是坚固清洁，下至穷乡僻壤的道路，亦皆整齐清洁，毫无积秽。道路中央为马车道，左右为人行道，往者由左，来者由右，境界划然，彼此不侵界限。虽异常热闹的地方，老幼妇女，亦可坦然行路，无拥挤之患。即或偶尔冲撞，亦断不至口出恶言（英国人说道路冲突互相詈骂的为最下等的人，所以相戒不为），且往来行人，皆任保护道路的责任，无论昼夜，决无有在道路上大小便及吐痰的人。因为污秽道路有害于公德，所以戒禁不为。道路两侧，果树累累，行路的从无有摘一花、采一果的。有人游德国时，见道旁果树下，一群小学堂生徒，内有一人哭泣，问其哭泣之故，旁人说此小儿误取落枝的一果，人责其妄取公物，逼他向管理人谢罪求恕，所以哭泣。按此不过小儿无知，误取一果，乃人皆责其违犯公德，亦可见欧美人的公德了。

（二）火车及电车。欧美铁路，密如蛛网，大小都邑，皆为铁路所经，火车停止之处，皆有停车场，以便客人休息。买车票时依到时先后为序，无突然从后面来抢先买票的。卖票人异常警敏，银钱的补偿出入，迅速非常，乘客无久等之苦。入车时，后入的人向先入的行礼，先入的人答礼。入座时，无论地位如何有余，断不至一人占二人的座位。乘客行李，直交运送所，彼自运送无误，绝无将笨重置于车内，碍人座位的事。他国运送所尚给收票为证，英国并收票而无之，到时取物，自无遗失。至于卖票的多收钱，坐车的不买票，更是从不曾见的。英国电车，无收取车资的人，内设集金函[2]，任乘客投资其中，客自按价投入，决无欺诈。同车的乘客，皆互相礼让，若坐立欹斜[3]，谈话猥亵，及以泥垢污人之衣，无不引为大耻。乘客满车，遇老弱及妇女来，无论识与不识，少壮的必起立让其座位，上车时让老弱妇女先登，下时让老弱妇女先下，乘客虽多，上下车时，后先有序，绝无拥挤。尤可敬的，乘客视所乘的车如同自己的车，时时留意，不敢毁伤，有用过一二年的电车，还如新制的一般。

（三）公园及旅店。吾人终日劳苦，暇时皆欲流览花木园亭[4]，以博游观的乐趣。所以，欧美各国到处皆有公园，无论贫贱富贵，皆得尽公共之乐。园中有房屋、花木、几席、器皿等类，游人皆珍重爱惜，不敢污损，不设看守的人，游人自尽保护之责。虽极下等的人，无敢折公园一枝花，拔公园一根草的。其实园中并未有禁止折毁花木的告示（日本尚有此种揭帖，欧美无之），人自不敢折毁。因为公园是公共的行乐场，损坏公园的物品，就是损坏公德了。旅店亦为公共聚集之所。西洋旅店，虽住客极多，皆各居己室，安静无哗，夜间尤不敢饮酒放歌，恐扰他人。室中陈设清洁，所用器具，客人皆知爱惜，决无毁坏器物、涂抹墙壁等事。店中招待客人，极为亲切。运送行李，上下舟车，皆有定价，且一一为旅客计算便宜的方法，所以有旅行数千里毫不知行路之苦的。

（四）聚会。西人聚会的事极多。集会时限，皆有一定，来会的人，按时而至，无少先后，因为自己临时不到，惹得多人久等，就算不合公德。又，入会时，出入各按次序；语言动作，颇守规律；衣貌亦极整齐，冀免同人厌恶。会中若设饮食，绝无妄贪饮食的人。于至啜羹作响[5]，刀箸抵触有声，虽小儿亦引为耻辱。

（五）商业。欧美各国，以信用二字为商业的秘诀，不欺买者，不杂伪货。一国内的商店，物品既同，价必一致，皆以二价为可耻。不但大商人如此，海陆交通的地方，搬运夫的脚力钱，皆有一定，定价以外，无额外的请求。且各国常有无人看守的商店，物品上标明价值，买者按价付钱，不敢或欺。

（六）公共慈善的事业。欧美的人，如生计裕余，多喜投其余资，办公共慈善之事，如公园、街道、学校等费。创办者不惜巨金，各处设立藏书楼，无贵贱皆许入观。观书人虽多，书籍决无遗失、损坏。在阅览室中，不敢高声朗诵，惟恐妨害他人。他若博物馆、绘画馆、音乐堂等，入览者皆有秩序，不敢触摩物品。美国的盲哑学校、贫民病院、养育院、孤儿院，多属民家私立。因欧美风俗最重个人独立，富豪临终之时，多喜用其遗产投诸公共事业，不必尽遗于子孙。

（七）政治。欧美各国的人，皆富于政治思想，某村某县的人，皆设法使本地繁盛，以受他人的胁迫为最大耻辱。国会及地方议会（国会或称议院，议论全国立法之事。地方议会，议论本地之事），每一议事，议员各抱定公理相争，虽亲密之人，不少假借。至议事后，则和好如初，因所争的为本国本地的公事，非属一人的私见。无贫富贵贱，皆留心时事，以备议论公事的资格。德国旅店内老妪，能道德国与日本海岸线比较的长短及军舰的多少；其他上等人，可想而知。

以上新举的公德各事，实为世界普通的道德。我们中国人公德的行为，较比欧美何如，暂时亦不敢妄断（俗语云："各人自扫门前雪，不管他人瓦上霜。"此二语最与公德有碍，必宜切戒），但愿我们将此等事体验体验，不使欧美人得专其美，风俗转移，亦就不外此了。

注释

[1] 韩愈（768—824）：唐文学家、哲学家。字退之，河南河阳（今河南省孟县西）人，自谓郡望昌黎，世称"韩昌黎"。曾任国子博士、刑部侍郎。为古文运动倡导者之一，被列为"唐宋八大家"之首。有《昌黎先生集》。

[2] 函：匣子，箱子。

[3] 攲（qī）：倾斜。

[4] 流览：周流观览。

[5] 啜（chuò）：食，饮。

爱　国[1]

人常说国民国民。“国民”二字如何讲呢？须知国家是人民的国家，人民是国家的人民，民与国不可分离。人自有生以来，即受国家的保护，所以作国民的，要看得国家同自己身家性命一样，爱国的心是一时不可忘的。

但是爱国不在空谈，须是有爱国的真精神。本国的法律，本国的道德，平时遵守，固是爱国；就是外国的学术，外国的事业，但要有益于我国的[2]，我们就竭力去学。大抵爱国的人，专求于国家实在有益，并不是鄙薄外国，妄自尊大，便算得爱国了。……求外国的学艺振兴本国，方算是真能爱国的。

大抵国家强弱，全视人民的爱国。如人民全能爱国，国家断无不强的道理……我们为国民的，遇见国家有事，应当如何，不难想见。

注释

[1] 本章所举战争事例，有些地方混淆了战争的正义性和非正义性，在整理中，将这些内容做了删节。

[2] 但：只。

普通知识

世界的人各谋生活，但世界愈文明，生活的竞争益烈。譬如作一种事业，从前不甚明白的，亦可以勉强去作，至于明白的人多了，那不甚明白的人自然相形见绌，久而久之，遂至失业。所以世界愈文明，谋生愈难，将来那种无识的人，几乎不能生存于世。请看美洲土人[1]，自从欧洲人迁到以后，他生齿的数目日见减少[2]，就是这种道理。可知人生于世，须要有普通的知识了。

普通的知识：第一，要通文字。人若不识字，便如同瞽人一般[3]。世上的事情，多半不能看见，若不能行文，就如同哑子一般，自己的意思，大概不能说出。所以文字是一日不能离的。第二，要明算术。人生日用，无一日不须计算，就是或求学，或为工，或为商，亦莫不以算术为必须之事。算术的关系最为重要了。第三，要明格致的浅理[4]。人的一生，衣食住为最要。衣食住三样，全离不了动、植、矿三种。用物的范围愈大，人生所享的福分亦愈大。譬如养蚕缫丝，织为绸缎，比草衣卉服的时候福分大了[5]。又如近日煤气灯发明，比前日点菜油的时候福分更大了。其余的事，可以类推。况且要讲求卫生的道理，不可不知生理学，要利用世界的万物，不可不知物理、化学。试观世界文明各国，学术日进，工艺日兴，何尝不是由格致来呢？第四，要知地理、历史的大要。人生在某处，居住既久，自然生出一种爱乡心，由爱乡心推到爱国心，所以本国地理是不可不讲求的。如某地土产如何，某地风俗如何，某地有何口岸，某地有何军港，关系本国的工业、商业、政事、共事，皆切要。所以权知本国的大势，不可无地理的知识。但是，现在的时候由何而成，必有诸多的沿革，能通晓本国的历史，于本国的国家，方能见出真相。但讲求历史，不是专考古事，更须通晓现在的情形，合地理、历史两种知识，方能真知本国的大势。愚民无知[6]，往往国家行一新政便妄发议论，都因为不晓本国的大势，所以生出许多疑惑。况且如今各国交通[7]，不但要知本国的大势，还要知世界的大势。现在某国如何强，某国如何富，某种学问如何，某种实业如何，我国对于各国在何等地位，必须一一比较，知世界大势所趋，方不致举事有误。

以上各种知识，最为要紧。为一身计，必如此方能生活于世界；为国家计，必如此方能竞胜于各国。旧日我国义和团，全无此种知识，轻举妄动，几乎贻误国家大局[8]，岂非前车之鉴呢！可见为国民的，须有普通知识，不但为一身的生活计，还可以有益于国家，我们可不自加勉励么！

注释

[1] 土人：世代居住本地的人。

[2] 生齿：人口。

[3] 瞽（gǔ）人：失明的人，盲人。

[4] 格致：清末对物理、化学等自然科学的统称。

[5] 草衣：编草为衣。引申为粗劣的衣服。　卉服：用绨葛做的衣服。即粗劣的衣服。

[6] 愚民：愚昧无知之民。旧时对民众的蔑称。

[7] 交通：交往，往来。

[8] “旧日”四句：这一段文字，是作者对以农民为主体的中国人民自发反帝爱国运动组织的污蔑，这反映了作者阶级的和历史的局限性。

结　论

以上所说的家庭、学校、立身、卫生、处世各事，不但要深知其理，还要见诸实行。古人常说，知行并进[1]。明白道理，就属知的一边；将所知的道理见诸实行，就属行的一边。若徒知不能行[2]，便如同读了死书一般，于人有何益处呢？可见行的一边是最要紧的了。即如“家庭”一章内所言爱亲的道理，我们既晓得了，先要将书中所说的事，就自己身上考察一番，那一件事与此相合，那一件事与此不合。不合的事，即须改过来；已合的事，须要更加勉励。如此读书，方能有益。推之各章，莫不尽然。作此书的人，方不至空费笔墨；讲此书的人，方不至空费口舌。如此实行，道德自然日进，身体自然日强，智识自然日进，小之可有益于身家，大之可有益于一国，我们亦可算得一个人了。

注释

[1] 知行（zhī xíng）：认识与实行。

[2] 徒：空，白白的。

后 记

中国自古以来重视家庭教育。在浩繁的古代典籍中，散佚着许多家训方面的著述。这些曾为前人教育后代发挥过重要作用的家训著作，在今天仍有其积极意义。为了弘扬中国民族文化，用传统美德教育青少年一代，给当今的家长提供可资借鉴的材料，我们编写了这套《中国历代家训丛书》。

编写《中国历代家训丛书》，我们从 1990 年开始酝酿。当时天津古籍出版社二编部的曹式哲主任，同我们一起论证选题，组织出版，既忙碌于前，又奔波于后，并同许大年编辑一起，认真审阅书稿。经过几年的努力，到 1994 年，书稿陆续付梓。连续出版了六册，终因出版方资金短缺等原因，遂于 1997 年停止出版。这之后，我们一直没有停止编写工作，仍在默默地研读家训，精心撰写和打磨书稿，做到善始善终。

十几年过去了，祖国大地国学热方兴未艾。在高科技飞速发展的今天，更需要用传统的人文精神滋养人们的灵魂。值此之际，天津古籍出版社张玮社长，以出版家的敏锐眼光，抓住良机，决定重新出版《中国历代家训丛书》，这套丛书重又付梓了。

编写这套丛书，占有资料是一个重要问题，但是，挖掘资料的工作难度很大。我同贺恒祯、夏春田同志四处奔波，求得一些单位和友人的帮助，在当时检索手段还比较陈旧的条件下，大量翻阅古书，广泛查检文献，才将散佚在众多古代典籍中的重要家训资料基本搜集齐备。在此基础上，一道合作的朋友推举本人担任这套丛书的主编。于是，我便着手起草编写丛书的整体构想和具体意见。经过反复推敲，拟成了一套完备的选题计划。这套丛书计有：《颜氏家训》《温公家范》《袁氏世范》《双节堂庸训》《帝王家训》《名臣家训》《名人家训》《历朝母训》《家庭训语》《家训要言》《蒙训辑要》《古代家规》，凡十二册。之后，拟定编写体例，选择、整理资料，逐册进行编排。此后，组织标点、注释工作。稿成之后，又全面校阅书稿，修改润色文字，逐册统一体例，最后编定全书。本人才疏识浅，担任这套丛书的主编，深感心力不足，好在诸位同仁鼎力合作，才使本书编写工作得以顺利完成。在此，特向诚心合作的朋友们致谢！

丛书各分册所选家训，均采取依时间顺序进行编排。大多家训都是完整的著作；少数从别处撷取来的家训片段，为了便于读者阅读，我们加拟了标题。为了保证丛书的质量，特邀请专家学者对书稿进行标点、注释。注释采用按章节分段见注的体例。对生疏字词、人名、地名、称谓、官职、历史典故、重要引文及难懂的句子，都尽量作注。注释力求简明精炼，通俗易懂，并吸收了一些先贤和当代学者的研究成果，谨此致谢，恕不一一注明。有些著作版本较多，我们作了必要的校订工作。对原著中有明显封建糟粕的地方，作了必要说明。为了便于读者阅读，每分册前面都写有“前言”，主要评介本分册所选家训著作的思想内容。

本书重新出版，得到了天津古籍出版社领导和同志们的热情支持和大力襄助。张玮社长抓住机遇，力推本书，成就出版之事；陈一飞主任组织出版、发行和协调各方关系，付出了大量心血；编辑和特邀编辑认真审阅书稿，提出了许多宝贵、中肯的意见，使本书避免了许多疏漏与错误。特于此志其劳绩，并深表谢忱！

还应特别提及的是，中国社会科学院学部委员、中国哲学史学会名誉会长、中国社会科学院研究生院教授、哲学家方克立先生，在繁忙的教学、科研工作中，抽时间为丛书作序，并多所指教，给丛书增色甚多，在此深致谢意！

由于功力所限，本书谬误恐在在多有，敬请专家和读者指正。

夏家善

2015 年 10 月 8 日